国家级一流本科专业建设点配套教材·服装设计专业系列 丛书主编｜任 绘

高等院校艺术与设计类专业"互联网＋"创新规划教材 丛书副主编｜庄子平

服饰图案设计

董庆文 编著

北京大学出版社

PEKING UNIVERSITY PRESS

内 容 简 介

本书将基础图案教学和服饰图案教学有机地结合起来，主要介绍了图案艺术的造型体系、构成体系及形式美规律，内容包括基础图案和服饰图案、服饰图案的设计方法、服饰图案的色彩设计、服饰图案的训练步骤、服饰图案效果图的表现技巧、服饰图案的作品欣赏。通过本书的学习，学生一方面可以基本了解传统及当代基础图案的创造和形式美法则，创造出比较完美的基础图案作品；另一方面，可以根据服装设计目标的实际需要，通过自己的独特创意，进行以图案装饰为主要元素的服装专业图案设计的实际应用。

本书可作为高等院校服装与服饰设计等专业的教材，也可作为服装设计师及服装设计制板爱好者的参考资料。

图书在版编目 (CIP) 数据

服饰图案设计 / 董庆文编著. —北京：北京大学出版社，2022.9
高等院校艺术与设计类专业"互联网＋"创新规划教材
ISBN 978-7-301-33374-7

Ⅰ. ①服… Ⅱ. ①董… Ⅲ. ①服饰图案—图案设计—高等学校—教材 Ⅳ. ① TS941.2

中国版本图书馆 CIP 数据核字 (2022) 第 176854 号

书　　　名	服饰图案设计
	FUSHI TU'AN SHEJI
著作责任者	董庆文　编著
策 划 编 辑	孙　明
责 任 编 辑	蔡华兵
数 字 编 辑	金常伟
标 准 书 号	ISBN 978-7-301-33374-7
出 版 发 行	北京大学出版社
地　　　址	北京市海淀区成府路 205 号　100871
网　　　址	http://www.pup.cn　　新浪微博：@ 北京大学出版社
电 子 信 箱	pup_6@163.com
电　　　话	邮购部 010-62752015　　发行部 010-62750672　　编辑部 010-62750667
印 刷 者	北京宏伟双华印刷有限公司
经 销 者	新华书店
	889 毫米 ×1194 毫米　16 开本　8 印张　148 千字
	2022 年 9 月第 1 版　2022 年 9 月第 1 次印刷
定　　　价	59.00 元

序言

　　纺织服装是我国国民经济传统支柱产业之一，培养能够担当民族复兴大任的创新应用型人才是纺织服装教育的根本任务。鲁迅美术学院染织服装艺术设计学院现有染织艺术设计、服装与服饰设计、纤维艺术设计、表演（服装表演与时尚设计传播）4 个专业，经过多年的教学改革与探索研究，已形成 4 个专业跨学科交叉融合发展、艺术与工艺技术并重、创新创业教学实践贯穿始终的教学体系与特色。

　　本系列教材是鲁迅美术学院染织服装艺术设计学院六十余年的教学沉淀，展现了学科发展前沿，以"纺织服装立体全局观"的大局思想，融合了染织艺术设计、服装与服饰设计、纤维艺术设计专业的知识内容，覆盖了纺织服装产业链多项环节，力求更好地为全产业链服务。

　　本系列教材秉承"立德树人"的教育目标，在"新文科建设""国家级一流本科专业建设点"的背景下，积聚了鲁迅美术学院染织服装艺术设计学院学科发展精华，倾注全院专业教师的教学心血，内容涵盖服装与服饰设计、染织艺术设计、纤维艺术设计 3 个专业方向的高等院校通用核心课程，同时涵盖这 3 个专业的跨学科交叉融合课程、创新创业实践课程、产业集群特色服务课程等。

　　本系列教材分为染织服装艺术设计基础篇、理论篇、服装艺术设计篇、染织艺术设计篇、纤维艺术设计篇 5 个部分，其中，基础篇、理论篇涵盖染织艺术设计、服装与服饰设计、纤维艺术设计 3 个专业本科生的全部专业基础课程、绘画基础课程及专业理论课程；服装艺术设计篇、染织艺术设计篇、纤维艺术设计篇涵盖染织艺术设计、服装与服饰设计、纤维艺术设计 3 个专业本科生的全部专业设计及实践课程。

　　本系列教材以服务纺织服装全产业链为主线，融合了专业学科的内容，形成了系统、严谨、专业、互融渗透的课程体系，从专业基础、产教融合到高水平学术发展，从理论到实践，全方位地展示了各学科既独具特色又关联影响，既有理论阐述又有实践总结的集成。

　　本系列教材在体现了课程深厚历史底蕴的同时，展现了专业领域的学术前沿动态，理论与实践有机结合，辅以大量优秀的教学案例、社会实践案例、思考与实践等，以帮助读者理解专业原理、指导读者专业实践。因此，本系列教材可作为高等院校纺织服装时尚设计等相关学科的专业教材，也可为从事该领域的设计师及爱好者提供理论与实践指导。

中国古代"丝绸之路"传播了华夏"衣冠王国"的美誉。今天，我们借用古代"丝绸之路"的历史符号，在"一带一路"倡议指引下，积极推动纺织服装产业做大做强，不断地满足人民日益增长的美好生活需要，同时向世界展示中国博大精深的文化和中国人民积极向上的精神面貌。因此，我们不断地探索、挖掘具有中国特色纺织服装文化和技术，虚心学习国际先进的时尚艺术设计，以期指导、服务我国纺织服装产业。

一本好的教科书，就是一所学校。本系列教材的每一位编者都有一个目的，就是给广大纺织服装时尚爱好者介绍先进思想、传授优秀技艺，以助其在纺织服装产品设计中大展才华。当然，由于编写时间仓促、编者水平有限，本系列教材可能存在不尽完善或偏颇之处，期待广大读者指正。

欢迎广大读者为时尚艺术贡献才智，再创辉煌！

鲁迅美术学院染织服装艺术设计学院院长
鲁美·文化国际服装学院院长
2021 年 12 月于鲁迅美术学院

前言

　　在各类装饰图案设计艺术实践中，服饰图案可以说是与人类关系最密切、最直接的一种，属于专业图案创作与研究的一个重要领域。服饰图案设计是高等院校服装与服饰设计专业的专业必修课程。

　　现代人审美需求的复杂性和多样性，使得当代服饰图案呈现出丰富多彩的面貌，无论是传统形象中美丽的牡丹、孔雀等图案，还是现代生活中动感的手机、汽车等图案，都有不同的人群喜欢并穿着带有这些图案的服饰。因为一件装饰了图案的服装，无论在吸引消费者的视觉兴奋点方面，还是在体现设计师的构思直观性方面，相较于服装设计的其他手段来说，其直觉效果都显得那么有力度。

　　即便如此，从原则性上来说，将装饰图案语言元素融入服装设计，毕竟在服装设计中处于"配角"的位置。由于图案艺术本身就博大精深，所以学习图案艺术并将其应用于服装设计，尤其对于服装与服饰设计专业的学生来说，必须从两个方面同时入手：一方面，要学习基础图案的基本知识，主要是学习各种图案的创作方式、组织结构、形式美法则等知识；另一方面，要尽可能地深入了解古今中外不同地域、风格、材质图案背后的文化内涵知识。

　　由于编者水平有限，再加上编写时间仓促，书中难免存在疏漏之处，敬请广大读者批评指正。

编　者

2021 年 12 月

【课程标准】

导　　读

　　当代服装设计的内容丰富多彩，手法更是千差万别，近年来表现最为亮眼的手法非运用服饰图案来表现服装理念莫属了。这是因为，运用服饰图案来表现服装理念的手法，一方面，对于设计师来说，是经济有效的手段；另一方面，对于消费者来说，是最易看懂、最具感染力的方法。下面通过几则案例来介绍一些著名的服装设计师为了突出创新的效果，在各自服装品牌中的表现。

　　法国时尚品牌纪梵希（Givenchy）在巴黎时装周发布的 2015 秋冬服装，依然延续了其以印花图案为主的路线。与上几季服装上动物、圣母的印花不同，这一季服装的印花图案的组织更加呈现出堆砌与碰撞的玩味之态。这一季服装的印花图案所表现的是原始与科技的碰撞、大胆的新式条纹与人像印花的融合，其灵感源自富有神秘和浪漫色彩的维多利亚风格，还混合了南美洲少数民族充满活力与质朴的气息，同时将街头、异域、优雅等设计风格合理地集于一身。

　　印度服装设计师曼尼什·阿罗拉（Manish Arora）设计的服装作品（图 0.1），展现了一个五彩斑斓、充满异域风情的世界。他将各类印度传统文化中的元素巧妙地融入服装印花、配饰设计中，传递出东方文化绚丽的美感。

　　日本时尚设计师高田贤三（Kenzo Takada）在巴黎男装周上发布的 2015 春夏系列男装延续了其一贯的印花精神，将波点、波普、条纹、荧光、撞色等流行元素完美地统一在自己的设计作品中。

　　中国高级女装品牌 HEAVEN GAIA（盖娅传说·熊英）2019 年在传奇豪门家族 Salomon de Rothchild（所罗门罗斯柴尔德）公馆成功举办"画壁·一眼千年"的春夏大秀，这已是该品牌第三度在巴黎女装周官方日程里进行发布。它传神地演绎了中国艺术规律中以"起、承、转、合"为主题的"转"，把一个静于大漠、融汇东西文明瑰丽宝库的敦煌艺术中的石窟壁画和图案元素，与服装进行完美结合，表现了设计师独特的创意。

　　意大利服装品牌莫斯奇诺（Moschino）在 2015 米兰时装周发布的秋冬系列服装，将可爱而复古的卡通图案、潮流前卫的街头涂鸦元素、洗衣粉和罐头包装等图案印在时装上，延续了其戏谑的风格，并结合波普艺术打造出令人耳目一新的格调。

　　著名华裔服装设计师胡社光设计的 2015 秋冬系列服装的主题是"东北大棉袄"（图 0.2），采用鲜艳的红配绿牡丹印花图案，形成了强烈的色彩对比，既具有浓郁的中国东北地域特色，又不失现代气息，显得别具一格。

　　国内服装品牌 MOODBOX 在上海时装周 2015 春夏系列秀的主题"戏幕人生"来自对川剧文化的回溯，将小生、花旦等形象与四川丝绸文化、宋代八达晕纹样图案巧妙地结合在

图 0.1　Manish Arora
设计的服装作品

图 0.2　胡社光设计的"东
北大棉袄"服装

一起。设计师从"人生如戏"的视角来观察、体验生活，借以表达一幕幕不同阶段的人生，从而诠释了设计主题的意义。

　　日本服装设计师三宅一生（Issey Miyake）将法国新古典主义画家安格尔的画作《泉》作为图案绘制在他所设计的服装上。

　　……

　　事实告诉我们，服饰设计除了在传统设计语言的款式、色彩、面料等方面进行开发与探索之外，还要充分利用纹样图案的装饰语言，以增强服饰的艺术表现力、打造服饰的时尚性、提高服饰的附加值。在服饰设计中，服饰图案语言成为继款式、色彩、面料之后的第四个要素。

　　所以，服装设计师对服饰图案设计的应用进行研究与探讨，就显得非常有必要。

第一章
基础图案和服饰图案

【本章引言】

　　图案是一种有别于其他门类的造型艺术形式。首先，它因太常见而特别亲民，几乎出现在我们日常生活中的任何地方，不像其他艺术那样和大众有距离感，甚至在很多情况下我们并不把它看作高雅艺术的一种；其次，相当一部分人觉得图案形象非常好画，随便画一下就可以了；最后，图案选择与设计师无关，一个好看的图案用在哪里都一样。这些看法其实都是偏颇的，本章就从图案为什么是艺术、如何学好基础图案的创造、服装设计师为什么要了解选择哪个服饰图案、为什么说恰当地表达自己的设计理念是非常重要的等问题开始，详细介绍相关知识，引导大家走出误区。

第一节　基础图案

一、基础图案的概念

要想学习运用服饰图案，首先要了解图案的基本概念。

图案是与人们的生活密不可分的，集艺术性和实用性于一体的艺术形式。在日常生活中，具有装饰意味的花纹或图形都可以称为图案。在计算机图形图像上，各种矢量图也称为图案。

它们是对生活中具体形象的加工提炼，使这些具体形象更加完美、更加实用。我们系统地了解和掌握图案设计的基础知识和技能，不仅能提高对装饰美的发现能力和欣赏能力，而且能在实际应用中创造美、享受美。

现代美术教育家陈之佛先生早在 1928 年就提出，图案是构想图。它既是平面的，又是立体的；既是创造性的计划，又是设计实现的阶段。

现代工艺美术教育家、理论家雷圭元先生在《图案基础》（人民美术出版社，1963）一书中，对图案的定义为："图案是实用美术、装饰美术、建筑美术方面，关于形式、色彩、结构的预先设计。在工艺材料、用途、经济、生产等条件制约下，制成图样、装饰纹样等方案的通称。"

《辞海》艺术分册对"图案"条目的解释分为广义和狭义两种。广义的图案是指对某种器物的造型结构、色彩、纹饰进行工艺处理而事先设计的施工方案、制成图样。有的器物（如建筑、家具等）除了造型结构，别无装饰纹样，也属于图案范畴（或称立体图案），如图 1.1 所示。狭义的图案则针对器物上的装饰纹样和色彩而言，如图 1.2 所示。也就是说，一个完整的图案设计方案，应该包括"器形""色彩""纹样" 3 个部分的设计，如图 1.3 所示。而我们通常认为的图案设计，只是"纹样"的设计。

图 1.1　包含形制、纹样元素设计的金属图案

图1.2　包含色彩、纹样元素设计的平面印染图案

图1.3　包含器形、色彩、纹样元素设计的服饰图案

1.基础图案的分类

图案设计的范围很广，不可能仅从一个角度就能全面地概括，下面从不同的角度对基础图案进行分类。

基础图案按历史范畴分类，有原始社会图案、传统图案、现代图案等；按社会关系分类，有宫廷图案（图1.4）、民间图案等；按装饰题材分类，有植物图案、动物图案、人物图案、风景图案、器物图案、文字图案、几何抽象图案（图1.5）等；按制造材料分类，有金属图案、陶瓷图案（图1.6）、漆器图案、印染图案、玻璃图案、织锦图案等；按图案专业方向分类，有服饰图案、电脑图案（图1.7）、家具图案、商标图案、书籍装帧图案等；按空间分类，有平面图案（图1.8，如地毯、织锦、刺绣图案等）、立体图案（图1.9，如家具、建筑图案等）；按装饰手法分类，有写实图案（图1.10）、写意图案（图1.11）、变形图案、抽象图案、视错觉图案、拼接图案等；按图案的组织形式分类，有单独图案、适合图案（图1.12）、二方连续图案、四方连续图案、综合图案、由多种题材组合而成的复合图案等。

图 1.4　宫廷图案

图 1.5　几何抽象图案

图 1.6　陶瓷图案

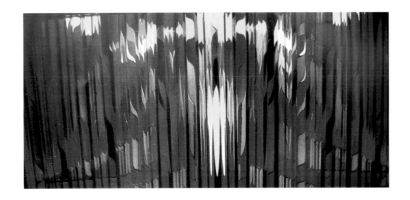

图 1.7　电脑图案

图 1.8　平面图案

图 1.9　立体图案

图 1.10　写实图案

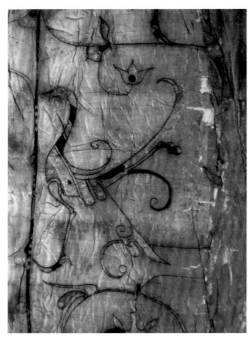

图 1.11 写意图案

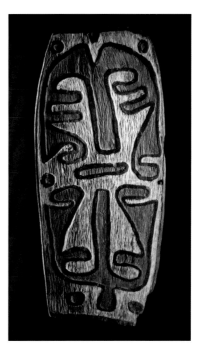

图 1.12 适合图案

2.基础图案的造型法则和形式美法则

（1）基础图案的造型法则。

① 省略夸张。图案中的形象创造来源于生活中的实际形象，但又和生活中的实际形象存在明显的不同，这是因为艺术家根据图案艺术形象的特殊要求，对它进行了"造型"的处理。首先，图案造型因为装饰的特性，讲求用简洁的方法去表现形象的主要特征，而特征是事物内在与外在本质的综合体现，也是区别与辨认不同事物最显著的依据。只有省略图案形象无关紧要的细节，才能将其不同于其他形象的特征凸显出来。因此，省略一般化的形象细节，强化自然形态的主体特征，用少量的形去表现形象的特点，是使图案造型产生变化的第一步。其次，很多图案形象装饰在一个特殊的"形状"中，为了使这些图案形象在这个特殊的"形状"中得到更完美的展现，就必须对其进行"变形"处理。我们设计任何动物、人物、风景等的图案形象也是同理，必须抓住设计对象的自然形态的特征进行省略和变形处理，才能初步表现出图案的造型美（图 1.13、图 1.14）。

图1.13　省略的几何化图案

图1.14　简约的植物图案形象 | 学生作品，指导教师：董庆文

　　夸张是一种对事物形象的特征进行放大和渲染处理，夸大自然形态中最典型、本质的部分，从而给人留下深刻印象的造型方法。一般来说，可以运用超越现实（自然）的比例、尺度、色彩等手段对事物形象进行处理，使之更加生动、更具装饰美感。例如，盘羊的角形象酷似漩涡，这是盘羊的主要特征，在处理时，可夸大角的漩涡状造型比例，同时缩小身体。又如，我们夸张地处理孔雀的尾羽和头冠、狐狸的尾巴、大象的鼻子、黄牛的肌肉骨骼等，都是一样的道理。总之，夸张重在突出形象内在的精神性格和外在的结构特征，以便给人留下强烈、鲜明的形象印象（图1.15、图1.16）。

　　② 条理归纳。条理归纳就是对形象进行规律化的重复组合，将自然形态美的主要特征抽取出来，用适合人们想象的手段和形式，对复杂的形象通过点、线、面、色彩和肌理等元素去进行概括、变化、归纳，使形象符号显得既有秩序又有条理。例如，在很多图案中，牡丹花无论数目多少，花朵都用圆形，花瓣都用波浪形，叶子都用菱形，并以此规律去规范所有的牡丹花图案形象；又如，在很多图案中，用多边几何形去画玫瑰花，用同等弧线去画兰花的叶子等。这些都是条理归纳的方法。但是，无论是以曲线、直线，还是以任何点形、面形来规范梳理自然形象，都应符合自然形态的生态规律，各种条理归纳的大小、方向、色调等手法协调统一；无论是各种不同形象的整体关系，还是同一形象的局部细节，都应使图案形象具有统一规律的美感（图1.17、图1.18）。

图 1.15　夸张了动物形象局部比例的图案

图 1.16　夸张的植物图案 | 学生作品，指导教师：董庆文

图 1.17　经过条理归纳处理的服饰图案

图 1.18　经过条理归纳处理的花瓣和叶子形象 | 学生作品，指导教师：董庆文

③ 添加想象。形态的自然美，虽然能给图案造型提供一定的美的源泉，但人类总是在不断地追求更超越现实的理想美，来满足自己精神世界的需求，高水平的图案形态创造更加强调这一点。因此，和其他艺术形式一样，人们在图案形象创造中也采取了超越现实、充满创造性思维和理想化的手段，使图案变化在富于美的形态的同时，展现出比现实的自然形态更丰富的想象美感，而添加和理想化就是实现这一目的的重要手段。

添加是超越自然真实形态的一种"变化"手段。它可以在变化的图形上按主观设想添加任何别的形象，来组成一个"出其不意"的图案形态，如动物图案变化中用四季不同的花装饰的鸟；花卉图案中有花上叶、叶中花，花中有太阳、太阳中有房子的形象；人物脸上添加云彩、大海、月亮等。添加的目的是追求幻想、完美、离奇、丰富的图案形象。该手法往往以浪漫的唯美感觉为目标，突破了真实形象平淡无奇的局限性（图1.19、图1.20）。

表现理想化的想象，也是图案造型的一大特点（图1.21、图1.22），就是采用人的主观向往（幻想），把不同时空间、不同类型的形态（甚至是不存在的事物），超越现实地组合在一起，使之表现出人类的主观理想意象。例如，中国的卷草图案、宝相花图案、吉祥图案等纹样造型，就是这样创造出来的。或者，为建立某一理想形态的图案，先把其他图案打散（分解）之后，再按想象的创意进行重新组合。例如，远古时期图腾形象中中国的龙凤形象、埃及的狮身人面像等，都是这样创造出来的。又如，现代动漫形象中的机器猫、变形金刚等，无不是人们展开想象的翅膀创造出来的图案。

图1.19　运用了添加手法的花卉服饰图案

图1.20　运用了添加手法的植物图案形象 | 学生作品，指导教师：董庆文

图 1.21　传统图案的想象造型

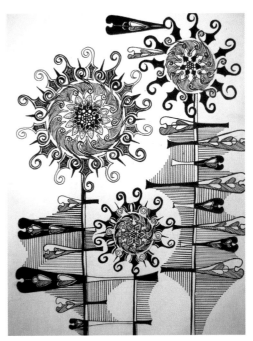

图 1.22　花卉形象的想象造型 | 学生作品，指导教师：董庆文

（2）基础图案的形式美法则。

① 变化与统一。变化与统一的法则，是构成图案造型和形式美感最基本的法则，是一切造型艺术的普遍规律。

"变化"就是在图案形象之间，强调制造出强烈的对比关系。也就是说，图案形象变化要丰富，在造型上追求形态的大小、方圆、高低变化的对比效果；在色彩上追求冷暖、明暗、浓淡的多种属性变化；在线条上追求粗细、曲直、长短、刚柔的排列变化；在肌理上追求轻重和软硬、光滑与粗糙的质地对比变化。如果将以上这些对比因素处理得当，图案就能给人一种生动活泼、丰富强烈的变化美感；如果处理不当，画面就容易产生杂乱无章、割裂生硬的感觉。

"统一"就是在图案形象之间，强调制造出协调的关系。也就是说，在创作图案时应加强造型、构图、色彩之间的内在联系，把各种变化的因素，统一在"同类形""同类色"等的有机联系之中，使图案的整体形象有条不紊、协调统一。但也不可"统一"得太过分，否则会产生呆板僵硬、单调乏味的效果。

综上所述，在图案造型中，最好能做到整体上统一、局部上有变化的效果。为了达到整体的统一，可采用有规律的重复或渐变的手法，去组合形态、色彩等元素（图 1.23、图 1.24）；对于局部的变化，即使使用同样粗细的线条，也应注意处理好它们之间的疏密、长短、方向的变化差异，即同中求异。这才是变化统一的形式美原理在图案造型中的理想状态。

② 对称与平衡。对称的形式美感是指图案形象以（左右、上下或斜向）中轴线为基准去进行"同形同量"的造型，从而得到（左右、上下或斜向）两侧完全或基本相等的造型效果（图1.25、图1.26）。这种由对称形式构成的图案，能给人以稳定、庄重、整齐的美感。

图1.23　花卉图案形象中对大和小、轻和重的变化统一处理

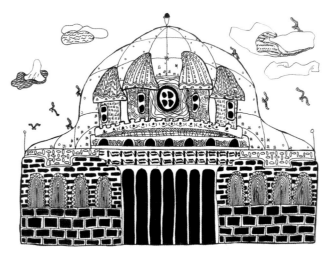

图1.24　写实风格图案形象中对曲和直、点和线的变化统一处理 | 学生作品，指导教师：董庆文

图1.25　对称的自由纹样 | 学生作品，指导教师：董庆文

图1.26　服饰图案中的对称美感

在自然形象中，到处都存在对称的造型形式，如人类、动物、一些植物等的形体，就是左右对称的典型造型。其特点是造型结构具有规律性，适合于表现静态美感；不足之处就是运用过度，容易产生呆板、乏味的感觉。

平衡的形式美感，主要是从视觉和心理的角度上获得的。它是视觉从图案造型形体整体上的量感、肌理、色调等感知中所得到的平衡感觉，是一种"量感"和"力象"的平衡状态。

平衡的形式美感是以感觉的"中心点"为基点，开始进行"异形异量"的造型组合的。平衡的形式美感以造型效果不失去重心为原则，其特点是在稳定中求变化，在变化中求稳定。由平衡美感形式构成的图案，容易产生变化多端的动态美感（图1.27、图1.28）。

③ 对比与调和。对比与调和是图案形式美感中，创造变化与统一效果的重要手段。

对比是指在图案造型中，强调各方面造型因素之间的对照关系，如强调构图中的虚与实、聚与散，形体中的大与小、轻与重，线条中的长与短、浓与淡，色彩中的冷与暖、鲜与浊等对比因素。这样，画面可以产生丰富跳跃的效果，能给人以新鲜饱满的感觉。

调和则相反，即图案造型设计中的线、形、色及质感等元素，都运用相同或近似的方法去表现，通常会使图案造型具有和谐宁静、优雅柔和之感。

图1.27 平衡美感的自由纹样 | 学生作品，指导教师：董庆文

图1.28 服饰图案上活泼的平衡美感

　　图案造型设计中的形式美感，同样要求做到既有调和又有对比的效果（图1.29、图1.30）。例如，在以直线为主表现图案形象时，可在局部加入少量曲线、折线、虚线等，来达到对比调和的效果；在以几何形造型为主表现图案形象时，可在局部加入少量自由形、偶然形等，来达到对比调和的效果；在以亮色为主表现图案形象时，可少量使用暗色，来达到对比调和的效果。

图1.29　表现出了抽象和意象手法的对比调和

图1.30　表现出了曲直和轻重的对比调和 | 学生作品，指导教师：董庆文

　　④ 节奏与韵律。节奏的形式美感，就是在图案造型中使用主要的几个基本形、基本色等元素，让它们连续、规律性地反复出现，来组成图案造型的整体，产生出的图案造型美感（图1.31）。

　　韵律的形式美感，就是在具备节奏美感的基础上，将产生节奏感的元素创造出更加具有丰富变化关系的美感形式，也就是赋予了节奏感不规则的强弱起伏和抑扬顿挫之美。形象点说，节奏美感是音色单一的重复美，而韵律美感就像音色丰富的变奏美（图1.32）。

图1.31　黑白的节奏美感和色彩的节奏美感

图1.32　黑白的韵律美感和色彩的韵律美感

3.基础图案的构图形式

基础图案的构图形式，无论是在单独还是连续的图案中，都可分为对称式、平衡式、适合式几大类。下面就单独基础图案的构图来举例说明。

（1）对称式构图。

① 绝对对称。图案构图依据设定的上下、左右、相对、相背、转换、交叉和多面的中心线，安排出完全相同的纹样形象。这种等形等量的组织结构，使画面效果庄重大方、稳定规律（图1.33、图1.34）。

图1.33　绝对对称构图的图案 | 学生作品，指导教师：董庆文

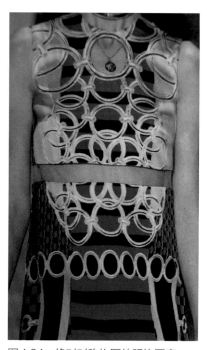

图1.34　绝对对称构图的服饰图案

② 相对对称。图案构图依据设定的上下、左右、相对、相背、转换、交叉、多面的中心线，安排的主要形象大体相同，局部纹样稍有差异，大体效果仍是对称的感觉。这种画面效果比绝对对称图案构图稍有活泼变化之感（图1.35、图1.36）。

（2）平衡式构图。

平衡式构图，就是图案造型依据中心轴线或中心点，采取"等量不等形"的纹样组织形式，能在视觉上和心理上得到平衡与安定的效果，给人以生动活泼、变化多端的美感（图1.37、图1.38）。平衡式构图单独纹样又可分为涡形、相对、相背、交叉、折线、重叠等组织形式。

图 1.35　相对对称构图的图案 | 学生作品，指导
教师：董庆文

图 1.36　相对对称构图的服饰图案

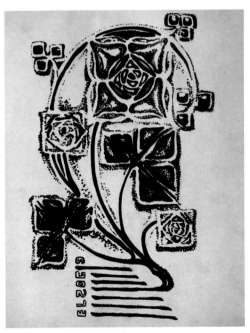

图 1.37　平衡构图的图案 | 学生作品，指导教师：
董庆文

图 1.38　平衡构图的服饰图案

图 1.39 对称的适合式构图 |
学生作品，指导教师：董庆文

（3）适合式构图。

适合式构图，就是图案造型要受外形限制，其纹样必须安排在特定的外形里，如外形可以是圆形、方形、三角形、椭圆形、菱形、随意形等，也有用自然形作外形轮廓的，如葫芦形、花形、叶形、桃形、扇形等（图 1.39 至图 1.41）。

组织适合式构图纹样的图形，可以用一个或几个完整的形象，将其恰到好处地安排在一个特定的外形里。它的特点是结构完整、布局巧妙，力求外形与内部纹样形象正好"适合"，达到构图和形象整体的舒适性。适合式构图的形式可分为对称式和平衡式，这两种构图形式都有向心式、离心式、旋转式、转换式、直立式、重叠式等。

图 1.40 平衡的适合式构图 | 学生作品，指导教师：董庆文

图 1.41 服装中的适合式构图

4.基础图案常见的组织形式

（1）单独纹样。

单独纹样是一个具有完整性的独立图案，也是构成连续纹样最基本的造型单位。它可以分为自由纹样和适合纹样两种。

① 自由纹样。自由纹样就是纹样单独成立，造型与周围形象没有联系，可分为3种骨格：相对对称骨格、绝对对称骨格、平衡骨格（图1.42 至图1.44）。

图1.42 相对对称骨格的自由纹样

图1.43 绝对对称骨格的自由纹样

图1.44 平衡骨格的自由纹样

图 1.45 相对对称骨格的适合纹样

② 适合纹样。适合纹样就是图案造型适合于一个特殊边框的图案，可分为 3 种骨格：相对对称骨格、绝对对称骨格、平衡骨格（图 1.45 图至图 1.47）。

（2）连续纹样。

连续纹样就是将一个或几个基本纹样单位，同时向上下、左右、对角双向，大量重复排列形成的纹样，也叫二方连续纹样。连续纹样也可以同时向上、下、左、右 4 个方向，大量重复排列，这样形成的纹样则叫四方连续纹样。

① 二方连续纹样。二方连续纹样的造型特点是节奏感、连续感强，特别注重图案单位之间的衔接、穿插和呼应的巧妙处理，可形成一个完整连贯的整体。二方连续纹样适合装饰在"细长"的部位，如安排在日用器皿、产品包装、窗帘台

图 1.46 绝对对称骨格的适合纹样

图 1.47 平衡骨格的适合纹样

布、报刊封面等边缘上面的图案，多采用二方连续纹样。它的组织形式主要有散点式、波纹式、折线式、综合式。

A. 散点式。以一个或几个呈"点"状的纹样，进行平行、错位、跳跃式的重复排列，因纹样之间有一定的空间距离，故称散点式（图1.48）。

B. 波纹式。由波浪状的单曲线、双曲线、多曲线为骨格组成图案，这种纹样效果流畅感强，形似波纹，故称波纹式（图1.49、图1.50）。

图1.48　散点式的二方连续纹样 | 学生作品，指导教师：董庆文

图1.49　单曲线的波纹式二方连续纹样 | 学生作品，指导教师：董庆文

图 1.50　双曲线的波纹式二方连续纹样 | 学生作品，指导教师：董庆文

　　C. 折线式。折线式以转折线为骨格来排列图案单位，纹样有直角、锐角、钝角之分，图案造型效果力度感很强（图 1.51）。

　　D. 综合式。综合式就是图案造型综合运用两种及以上组织形式，不同骨格的二方连续纹样组成的构图形式。它的画面效果更加丰富多变，是服饰图案的重点训练单元（图 1.52）。但是，在进行综合式组合时要注意几种不同骨格图案之间主次关系分明，切忌杂乱无章。

图 1.51　折线式二方连续纹样 | 学生作品，指导教师：董庆文

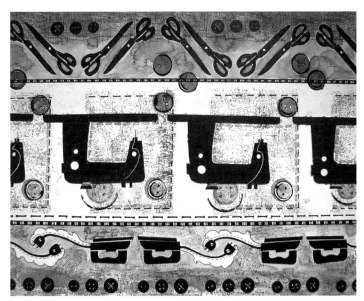

图 1.52　由散点式和折线式组合成的综合式二方连续纹样 ｜ 学生作品，指导教师：董庆文

② 四方连续纹样。四方连续纹样适合大面积的装饰，如服装面料、印刷底纹等多采用四方连续纹样构图。

设计四方连续纹样时，要注意图案单元之间彼此衔接部位的处理，即在穿插连续上讲究自然天成、有疏有密、虚实变化，从而达到浑然一体的艺术效果。四方连续纹样的构图形式主要有散点式，规则的散点排列，不规则的散点排列，连缀式（波形连缀、菱形连缀、阶梯连缀、转换连缀），重叠式，综合式等。

A. 散点式。散点式是四方连续纹样的主要骨格形式，它是由一个或两个以上的纹样组合成一个单元，再向 4 个方向反复循环连续构成的。因为单元纹样有规律地循环，所以纹样可以用不同的姿态、大小、方向散布在一定的范围之内，故称为散点式。

B. 规则的散点式排列。在一个循环单位里，安排一个纹样叫一个散点，安排两个点叫两个散点，以此类推（图 1.53、图 1.54）。在安排纹样时，要根据表现需要的规则，去决定纹样的方向、形态和大小等效果的适度变化，图案效果的整体特点是比较均匀安定。

C. 不规则的散点式排列。不规则的散点式排列，就是说只需要确定好单元纹样的大小和衔接点位置，纹样可不受骨格限制，随意地穿插排列，只要注意纹样单元之间能组织得彼此呼应、疏密有致就可以了（图 1.55、图 1.56）。不规则的散点式排列图案效果比较活泼多变。

D. 连缀式。连缀式就是图案单元呈横向、纵向或斜向互相连合的构成，纹样之间互相穿插、连续性强。连缀式又分为波形连缀、菱形连缀、阶梯连缀、转换连缀等。

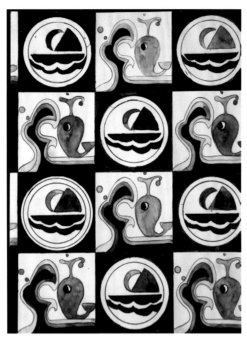

图1.53 规则的散点式排列四方连续纹样|学生作品，指导教师：董庆文

图1.54 服装上规则的散点式四方连续纹样

图1.55 不规则的散点式四方连续纹样|学生作品，指导教师：董庆文

图1.56 服装上不规则的散点式四方连续纹样

·波形连缀。波形连缀就是用波纹线构成四方连续纹样排列的骨格，纹样的效果起伏变化如同水波状（图 1.57、图 1.58）。

·菱形连缀。菱形连缀就是在画面中，图案的单元用菱形作为基本形，在菱形中通常布置适合纹样，然后从 4 个方向去连接，形成菱形连缀纹样（图 1.59）。

图 1.57　波形连缀的四方连续纹样 | 学生作品，指导教师：董庆文

图 1.58　服装上的波形连缀四方连续纹样

图 1.59　菱形连缀的四方连续纹样 | 学生作品，指导教师：董庆文

· 阶梯连缀。阶梯连缀就是把单元纹样如阶梯般，依次错位地排列起来，形成阶梯形连缀纹样（图 1.60）。阶梯连缀单元纹样外形有正方形、长方形和多边形等。

· 转换连缀。转换连缀就是在画面所有相同单元纹样的基本形中，用同样或相似的纹样，进行转换方向的排列组合，形成转换连缀的纹样（图 1.61）。它的整体效果很奇特，还有微妙的变化。

图 1.60　阶梯连缀的四方连续纹样 | 学生作品，指导教师：董庆文

图 1.61　转换连缀的四方连续纹样 | 学生作品，指导教师：董庆文

E. 重叠式。重叠式就是用两种及以上不同骨格的纹样，彼此重叠地排列在同一图案画面上。这种图案底部纹样一般由规则的几何纹样构成，上部图案一般运用散点式排列构成。表现重叠式纹样时，要注意图案重叠部位的界限清晰，强调图案空间的丰富和视觉效果的有序（图 1.62、图 1.63）。

图 1.62　重叠式的四方连续纹样 | 学生作品，指导教师：董庆文

图 1.63　服装上的重叠式四方连续纹样

F. 综合式。综合式就是把两种以上完全不同的纹样，安排在同一四方连续图案的画面中，如用不同骨格的几何纹样、写意纹样、写实纹样等，去构成一个综合式图案。创作综合式纹样时，要注意各种图案之间的主次关系处理，必须达到既张扬变化又内涵统一的视觉效果（图 1.64）。

（3）综合纹样。

综合纹样是指在装饰一个内容复杂、体量巨大主体时，往往会运用多个单独、连续的纹样，组合成一个大型图案集合体的装饰效果。综合纹样应用很广，如在服装、家具、装潢、建筑装饰设计等行业领域皆有应该用。多采用综合纹样形式，更是服饰图案设计的重点训练单元。综合纹样的设计特别要注意各类图案之间整体关系的条理化处理，切忌杂乱无章、各自为政（图 1.65 至图 1.68）。

图 1.64　运用散点式和重叠式组合成的综合式四方连续纹样 | 学生作品，指导教师：董庆文

图 1.65　综合纹样 | 学生作品，指导教师：董庆文

图 1.66　服装上的黑白综合纹样 | 学生作品，指导教师：董庆文

图 1.67 服装上的彩色综合纹样 | 学生作品，指导教师：董庆文

图 1.68 运用在服装上的综合纹样

二、基础图案的修养

图案的创造，不仅仅是装饰造型艺术的技术手段，更是一种综合的文化思想表达。可以说，每一个优美图案的背后都有一个悠长的故事，承载着丰富的典故和讲究。认真地了解它们，会有助于我们更加自如地运用它们。例如，基诺族男子服装背后的"孔明印"，体现了基诺人对诸葛亮的感恩和纪念；彝族服饰上的"火镰纹"、苗族服饰上的"蝴蝶纹"都表达了对祖先的崇拜之情；凤冠和长着翅膀的双头龙图案，蕴含生殖崇拜的意义；荷兰马肯地区妇女胸褡上的绣花，16 岁前是 2 朵，16 岁后是 5 朵，结婚以后则是 7 朵；欧洲民间服饰上的三叶纹，具有圣父、圣子、圣灵的宗教含义等。所以说，大量了解图案形象背后的知识，可以提高图案文化的修养，也可以增强服饰图案设计的内在功力。

1.立体图案

立体图案就是装饰在建筑、家具（图 1.69）、交通工具等上面，呈三维状态的图案（主要指高浮雕形态的图案）。因为它们具有强烈的立体感和透视性，所以往往容易被我们忽略或当作其他艺术形式来欣赏。例如，欧洲宫殿和教堂的建筑立面、车马仪仗、餐饮器具、铁艺围栏、骑士装备、宫廷园艺等，还有中国寺院和陵墓中的宗教造像、武士甲胄等，就属于立体图案。其实，从某种角度上来说，服装款式的创造就是"装饰器形"的立体创造，尤其是纤维编织类的服装，它的图案和款式制作几乎就是同一种行为，如果再加上各种高低不同的浮雕类服饰细节的运用，经由人体穿着之后，服装完全可以称作一个动态的"立体图案"。

2.民间图案

古今中外，除了以皇家贵族和流行审美风格为主流的图案艺术之外，在民间日常生活中，还存在大量和普通人密切相关的装饰图案（图1.70）。它们大量地出现在图腾面具、窗花剪纸、草编玩具、节庆礼品上，可谓变化万千、应有尽有。在服饰方面，像中国的摩梭人、欧洲的捷克人、生活在北极地区的因纽特人、非洲的土著等，都在历史上创造了无数精美绝伦的民间服饰图案。这些朴素、率真、神秘的图案，散发着强烈的生活气息，蕴含着浓郁的历史内涵，是当代人创作时取之不尽的艺术瑰宝。很多时装设计师作品的灵感就源自它们，很多消费者也根据自己的喜好选择它们，所以才会有时装界"民族风格"经久不衰的市场份额和学术地位。

图1.69　非洲家具上的立体图案

图1.70　中国民间风格的图案

3.东西方图案

将东西方图案艺术进行对比欣赏和研究，是极具学习意义的（图1.71、图1.72）。这样可以让我们更加深刻地理解它们在审美和造型上，为何既有如此多的相同之处，又有如此巨大的差异？总体上来看，东西方图案艺术在风格上主要的差别是：东方图案艺术在美感上喜欢继承完善，在技术上推崇程式和技巧，风格一直是"万变不离其宗"，始终在发生着渐变；西方人在美感追求上喜欢创新开拓，在技术上注重理性和功能，西方图案艺术一直在不停地演进更新，追求引导图案艺术新风格的潮流。应该说，这两种不同的艺术创作风格各有千秋。

图 1.71　追求意向审美境界的东方图案

图 1.72　注重理性技术且不断创新的西方图案

4.经典图案

在历史上有很多经典图案（图1.73、图1.74），直到今天还在大量地使用，说明它们的生命力非常旺盛。然而，在漫长的历史进程中，它们的原始本意和新意之间产生的区别和变异，往往是我们最容易忽略的部分。例如，著名的经典图案有龙凤图案、波尔卡图案、朋克图案、"囧"形图案、太极图案、佩斯利图案、费尔岛图案等。其中，中国的龙凤图案由原始的宗教图腾含义，逐步变化为特指皇权、阳刚阴柔、喜庆幸福等不同的中国文化符号寓意。龙纹在中国运用极广，经过历代的加工演变，其形象从虚构逐渐地具体化，而且

图 1.73　中国经典的挂虎图案

图 1.74　北非经典的植物图案

每个时期的形象特点略有不同。譬如说，明代的龙纹图案就是由牛头、蛇身、鹿角、虾眼、狮鼻、驴嘴、猫耳、鹰爪、鱼尾等形象组合而成的；清代的龙纹图案则规定为"九似"，即角似鹿、头似牛、眼似虾、嘴似驴、腹似蛇、鳞似鱼、足似凤、须似人、耳似象。在明清两代，五爪金龙已成为皇室专用图案的共同特征了。如果从形象姿态上区分，龙纹图案又有团龙、坐龙、行龙、升龙、降龙等名目。譬如说，按明代制度，供皇帝用的图案为升降龙，它的四周必须配置有祥云、骨朵云，再嵌上八宝纹。我们认真地了解这些经典图案的新旧含义，可以极大地开拓在服饰上运用经典图案设计语言的空间，做到既能有依据地尊重历史本意，又不会草率地开创新意。

5.时代风格图案

图 1.75　几何风格的希腊瓶画图案

每个国家（地区）和民族不同时代的图案艺术，在其审美情趣上都有不同的总体趋势，从而形成丰富多变的装饰风格差异，而且附着了各自时代风格的烙印，其实质是当时文学、诗歌、绘画、音乐、科技等方面文明差异的表现总和（图 1.75 至图 1.77）。

图1.76 繁复风格的维多利亚图案

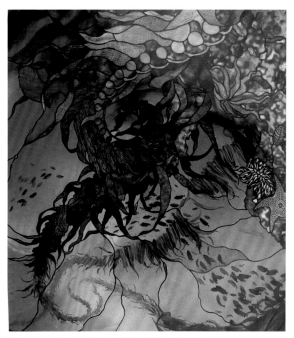

图1.77 优雅风格的欧洲新艺术时期图案

因此，无论是中国彩陶图案中的单纯神秘、画像石图案中的人神共舞、青铜图案中的刚劲恐怖、吉祥图案中的艳俗快乐、敦煌图案中的苦涩飘逸等风格，还是西方艺术中巴洛克图案的古典严谨、洛可可图案的妩媚妖娆、哥特图案的宗教狂热、维多利亚图案的烦琐精致、抽象图案的智慧哲思、后现代图案的宣泄迷离……无不深深地触动人类每一根敏感的神经，满足着人类丰富的审美需求。"温故而知新"，设计师就是在这些浩瀚的图案艺术遗产中，不断地辛勤掇英、奋力前行的。

6.中国图案

中国图案艺术博大精深，作为服装设计师，深入研究中国装饰艺术中的图案艺术，可以提高自身的艺术修养，为自己的设计语言增加多维的角度和厚实的底蕴。因为这方面的书籍很多，所以下面我们选择中国传统图案艺术中最典型的部分进行介绍。

从新石器时代开始，我们的祖先就创造了灿烂的彩陶文化（图1.78）。他们将实用的美和艺术的美非常精巧地运用

图1.78 彩色陶器

在彩陶图案的制作中，如在造型上非常讲究规整、单纯、刚劲的感觉，线条勾勒得旋动流畅且富有弹性，图案内容绘制得特别丰富，涉及各种人物、动物、植物、几何纹样等。这些彩陶图案的整体风格有的粗犷质朴，有的优美瑰丽，有的活泼生动，有的写意随性，有的格律严谨，有的浑厚凝重……由此可见，我们的祖先在遵循形式美感中的对称与平衡、对比与和谐、节奏与韵律等规律下，赋予了那个时代天真纯净、混沌蒙昧的审美特征。

在商周时期，青铜器（图1.79）的主体图案常用铸造的几何"回"纹作为底衬，上面再加上高浮雕式的饕餮、夔龙、夔凤等图形。青铜器图案早期的造型风格高古凝重，那些层次繁缛的装饰花纹，体现出了青铜器作为国之重器所具有的那种庄严震慑的宗教和社稷寓意。青铜器图案后期的造型风格逐渐趋向简朴温和、轻盈适用，图案多用曲纹、盘云纹、鳞纹、重环纹等纹饰，技法以浅浅的刻镂为主，审美风格趋向轻松和写意，体现出了世俗化的艺术气氛。

在激情四溢的春秋战国时期，人们的思想比较开放，纺织业、制陶业、漆器业、皮革业、玉器琉璃业等都得到了普遍的发展。在这个百花齐放、争奇斗艳的时代，工艺美术取得了极大的成就，在艺术风格上提倡行云流水、张扬奔放的美感特征（图1.80）。这一时期，青铜器采用镶嵌、模印、鎏金、焊接、镂空等工艺进行制造，效果更显缤纷而绚丽；漆器装饰图案开拓了气韵生动、细腻优雅的艺术风格；丝绸图案工艺更是精美绝伦、远播世界。

图1.79 青铜食器

图1.80 春秋战国时期织物图案

　　以瓦当和画像砖纹样为代表的汉代图案，明显地体现出更加崇尚简洁大气的审美风格，给人以淳朴浑厚、动感十足的美感（图1.81、图1.82）。织锦图案由于采用了经线起花，因此能织出各种细致的飞禽走兽形象，底纹图案多采用文字、花卉、云气纹的形象组合，其间再点缀上主要的动物形象，效果显得丰富而华丽。其中著名的有"菱形阳字锦""往事如意锦""延年益寿锦"等，甚至在一些图案中还出现了大量凡人和神仙共处一室的绮丽景象，这反映了汉代中国个人自我意识进一步觉醒的状态。

图1.81　汉代瓦当图案

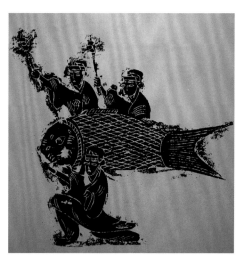

图1.82　汉代画像砖图案

　　唐代的图案艺术水平在各方面都取得了突出的成就，装饰风格活泼奔放、饱满富丽，体现出生机盎然的大国气质。其开放大度、广收博纳的胸襟，更是表现在人民健康乐观、富足享乐的世俗生存理念中。这一时期，那些取名联珠纹的织锦图案，由于采用纬线起花的方法，所以花纹和色彩显得更加绚丽多彩，著名的有"联珠对马纹锦""联珠鸟纹锦""联珠大鹿纹锦""联珠骑士纹锦""联珠对狮纹锦""联珠孔雀纹锦"等；金银器皿制作十分精美，图案和器形上吸收了西亚、欧洲的风格，充满了中土和异域相融的艺术特色（图1.83）；漆器和木器

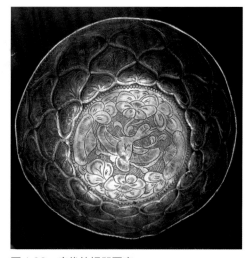

图1.83　唐代的银器图案

的装饰多运用镶嵌、螺钿、金银平脱等装饰方法，显得富丽而华美。

宋元时期，由于当时各具风格的名窑众多，分布在南北各地，互相争奇斗艳，所以图案艺术最突出的成就体现在瓷器上，它们的图案造型手法吸收了大量的异域特色和文人写意笔墨的书画之气，尽显高贵优雅的审美风格（图1.84、图1.85）。这是当时士大夫阶层的宗教和文化意识的综合体现，尤其是丝织品上的织锦图案具有秀丽典雅、细腻多变的工笔画风格，著名的纹样有"蓝底重莲花团锦""米黄底灵鹫纹锦"等图形。

图1.84　宋代优雅温润的瓷器图案

图1.85　宋代具有文人笔墨美感的瓷器图案

图1.86　明代独特的青花瓷图案

明代的织锦和家具装饰图案成就很高，其中明锦图案最著名的纹样有"孔雀妆花锦""红底折梅花锦"等；陶瓷图案中融入了西亚的宗教理念和彩绘技法，其特点是造型飘逸、色彩明艳，如青花瓷、五彩瓷等（图1.86）；金属工艺图案中的宣德炉和景泰蓝的装饰风格最为复杂精致，别具一格。

在清代，早期的图案融合了以满族、蒙古族等少数民族装饰风格为主的样式，后期的图案则在宫廷装饰风格上明显地吸收了汉族图案的审美意识（图1.87）。在清晚期，由于国体意识的封闭倾向，装饰情趣偏向烦琐堆砌的写实风格，过多地沉醉于工艺技巧上的精工细作，如景泰蓝中"冰梅纹加金锦"纹样等，看上去显得过于庸俗颓废。但值得一提的是，吉祥图案在清代的发展却非常辉煌。

7.吉祥图案

吉祥图案就是指以特指图形加巧妙谐音命名的方法，来组成的具有一定吉祥寓意的装饰纹样。它的起点可上溯到商周，发展于唐宋，鼎盛于明清，明清时期的图案几乎达到了有图必有意、有意必吉祥的地步（图1.88）。

中国汉字本身就有谐音双关的特性，为吉祥图案的创造提供了广阔的天地。譬如说在汉语中，一个相同的读音往往会对应好几个汉字，于是利用读音的相同和相近，便可取得一定的修辞表达效果。例如，花瓶的"瓶"字谐"平"字音，图案中用花瓶就可表示"平安"之意；蝙蝠和佛手形象出现在图案里，两个词的谐音都是"福气"的寓意；喜鹊形象谐音"欢喜"之意；桂花和桂圆谐音都有"富贵"的含义；百合与柏树形象谐音都有"百"的意思；等等。又如，松树和柏树因冬夏常青，这种生物特性被引申为象征人长生不老，用以表现祝福人类长寿的"松柏常青"图案；合欢花的叶子因晨舒夜合，近于夫妇之意，就被用以表现祝愿"夫妇和谐"的图案；石榴、葡萄因形象籽粒繁多，则用以表现中国人对"多子多福"美好生活祈求的常用图案。

吉祥图案还可以直接采用用汉字来表示美好心愿的手法，如福、寿、喜等汉字（图1.89）。

图1.87　清代烦琐的图案风格

图1.88　清代瓷器上的吉祥图案

图1.89　民间寓意福寿的图案

汉字吉祥图案早在汉锦上就运用得极为广泛，尤其是"寿"字被图案化、艺术化的符号形象，竟有300多种图形变化，更有用长字形的"寿"来寓意"长寿"，用圆字形的"寿"来寓意"圆寿"（无疾而终的意思）。

"卍"字原本不是汉字，而是一种梵文里的宗教标志，意为"吉祥海云相"，在唐代被正式用作汉字，发音同"万"，但更多地还是以图案的形式出现。吉祥图案中的"万字曲水"纹，借"卍"字形象四端伸出、连续反复而绘成各种连锁状花纹，意为绵长不断。这种纹样运用最广的当属服饰图案，帝王的龙袍和朝服上多绣织有"卍"字。后来在民国时期，一些乡绅的长袍马褂也多以"卍"字作为衣料底纹。

8.少数民族图案

我国少数民族众多，留下了极其丰富的图案艺术遗产，对它们进行深入了解，同样会让我们在服饰图案设计中避免流于简单照搬而产生误解。例如，在土族妇女的"彩虹衣袖"中，红色代表太阳，黄色代表五谷，蓝色代表天空，白色代表乳汁，黑色代表土地；彝族崇拜黑虎；白族崇拜白虎；苗族、布依族崇拜牛；纳西族崇拜青蛙；基诺族崇拜彩虹，而且男女服装背后都绣有花形图案，男服上的叫"太阳花"，女服上的叫"月亮花"；普米族、满族崇拜白色，白色代表了圣洁和勤劳；哈尼族崇拜黑色，黑色象征着威猛和庄重；鄂伦春族崇拜鹿和蝴蝶，等等。

图1.90　西方服装设计师对中国少数民族图案的运用

因为地域和传统的差别，每个民族还有自己特有的经典图案。例如，傣族有大象、孔雀和八瓣花等纹样；壮族有"蝴蝶朝花""宝鸭穿莲""四鱼怀春"等纹样；侗族有"龙头飞鹰纹"等；土家族有"虎脚纹""燕子尾纹""猴子手纹"等纹样；哈萨克族多把雪峰牛羊、清泉草原作为纹样；羌族有"灵芝纹""水波纹"等纹样；基诺族有"鸡爪花""穗子花""葫芦花"等纹样；壮族有著名的"百羽衣"纹样等。

有些外国服装设计师对于其他国家传统图案的运用实践是极其丰富的，虽然他们不一定真正地深刻理解别人的传统文化，但会从不同的视角去进行表达，也给我们提供了很好的应用参照（图1.90）。例如，保罗·波烈（Paul Poiret，时装设计师）的服装设计，就大量地借鉴了东方民族风格的图案和色彩，设计出"孔子大衣""阿拉伯裤子"等款式；伊夫·圣·洛朗（Yves Saint Laurent，时装大师）的服装设计，吸收了大量中国、俄罗斯、非洲等国家（地区），以及吉普赛的民族服装元素；高田贤三融合了中国、土耳其、西班牙等国家，以及印第安的民族图案风格，并组合在自己的服装设计中，带有浓重的神秘情趣，中国传统民族服饰中的"花卉"形象更是他的最爱。

第二节　服饰图案

一、服饰图案的概念

　　服饰图案指的就是装饰在服装及其饰品、配件上的图案（图 1.91、图 1.92）。服饰设计本身就是实用性和装饰性完美结合的生活用品，所以图案和服饰图案之间的关系，自然也是共性与个性的关系。如果说学习图案创造的方法，带有研究装饰艺术普遍规律意义的话，那么服饰图案的研究，则是针对服饰设计这一特殊对象的装饰语言运用，它是以美化人本身为目的，是解决常规服饰美化和设计师个性表达的设计行为。

图 1.91　传统服饰图案

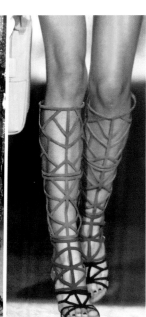

图 1.92　当代服饰图案

图1.93 单体服饰图案设计│学生
作品，指导教师：董庆文

二、服饰图案的分类

从涉及的设计内涵量上看，服饰图
案可分为单体服饰图案和系列服饰图案
两种。

1.单体服饰图案

单体服饰图案指的就是运用图案装
饰方法，只针对某一款服装设计出的服
饰图案（图1.93）。

2.系列服饰图案

系列服饰图案指的就是运用图案装
饰方法，针对某一系列服装设计出的服
饰图案（图1.94）。

图1.94 系列服饰图案设计│学生作品，指导教师：董庆文

【思考与实践】

（1）提高欣赏图案水平的方法有哪些?

（2）当代图案的变化方法有哪些?

（3）简述经典传统纹样的技法特色。

（4）试着进行传统纹样临摹。

（5）在线学习：爱视觉 https://ishijue.com/。

CHAPTER TWO

第二章
服饰图案的设计方法

【本章引言】

当服装与服饰设计专业的学生掌握了一定的基础图案创造能力，并且学会了服饰图案常用的组织形式等技术性规范之后，就可以开始尝试运用图案的手段，表达自己的服饰设计理念。但是，如果他们没有一个合理的构思方法，仍然不能够在更高的层次上运用好服饰图案艺术语言。

第一节　服饰图案的构思方法

艺术创作是由构思和表达两个方面组合而成的。构思能力是一个人创造能力的体现，是设计师把现实生活和个人情感升华为艺术形象思维的感知和表达能力。没有构思，艺术的创造就无从谈起。构思是一个需要经过积累、酝酿、整合、选择、确定等环节，反复推敲才能成型的过程，是一种特殊的、复杂的思维活动。服饰图案设计属于实用性美术创造范畴，它和纯艺术创作构思方法虽有共同之处，但也有自己的特殊之处。总体上来说，它更强调理性思维模式的参与，那种纯艺术式的强调灵感和偶发性的思维方法虽然可以运用，但是需要建立在去现实设计目的的控制范围之内才具有意义。通常来说，我们要从主观和客观两个方面介入构思活动。

一、对客观元素的直接深化构思方法

把握好对客观元素的运用，是设计师艺术构思能力初级的表现，是能在较浅层次上反映出客观现实感受的思维认知活动。设计师在面对以服饰图案元素为设计主体的设计要求时，必须要从客观的角度，观察和研究服饰与图案，以及设计要求之间的内在相互关系。也就是说，要学会从分散的、表面的、大众化的感知阶段，逐渐过渡到较为深刻的、总体的、个性化的感知层面。这里主要运用的思维方法有归纳、夸张、重构等，此时设计师的着眼点主要放在款式、色彩、图案、潮流等因素上，从一般合理化构思的基础阶段过渡到深化构思的阶段，以便脱离直白简单的构思，其设计结果通常能满足大部分普通消费者对装饰服饰图案具有较高美感享受水平的需求。

如果设计一款女式复古风格的礼服，该如何构思并选择最终作品的母体元素？在图案风格的选择上，我们会在中国唐代卷草纹、明清皇室图案或者欧洲巴洛克、洛可可图案之间进行选择；在图案组织形式上，我们会以点状、线状为主；在色彩表达上，我们会根据低明度、对比色相、中纯度色来组合；对于饰品图案，我们会集中运用在项链、耳环、手镯、胸花、披巾、手包上（图2.1、图2.2）。

如果设计一款少年休闲装，那么直接的构思就会从短风衣、T恤或休闲西服便装的款式选择开始；图案是以影视演员、潮牌标识、网络时尚用语等为主；图案组织形式当然根据后现代打散重构的骨格来安排，让点、线、面状的图案随意结合起来；色彩运用必须是纯度高、明度反差大的配置；饰品上的图案可以是与服装图案相关或毫无关系的任何东西，可以集中表现在耳环、胸针、戒指、腰带、鞋子、帽子、围巾等上面，以彰显少年夸张躁动、紧跟时尚的着装心态（图2.3）。

　　如果要设计一款民族风格的服装，那么英国服装设计师约翰·加里亚诺（John Galliano）的服装设计语言就充分证明了这种直接深化构思的巧妙作用（图 2.4）。他的服装设计世界里

图 2.1　礼服设计 1——采用直接深化中国传统图案的构思表现方法

图 2.2　礼服设计 2——采用直接深化欧洲宫廷传统图案的构思表现方法

图 2.3　休闲装设计——直接深化表现少年天真心理的图案构思

图 2.4　直接深化构思表现东方民族风格的服饰图案

充满了各地民族图案元素的变化表达，最著名的"甲壳虫"图案大耳环，便是利用埃及风格进行设计的典型例子。他在早期还设计过一系列以"四君子"、富贵牡丹、龙凤纹样、吉祥文字等图案，去表现以 20 世纪 20 年代中国上海服饰风格为主体的高级时装，其中最著名的就有"凤穿牡丹"和"龙凤呈祥"系列。

二、对主观心理元素分析的构思方法

能够准确地分析消费者主观的心理元素，是设计师比较高级的艺术创作认知活动。爱美之心人皆有之，服饰图案是用来美化人和表达人的，也是用来满足设计师和使用者双重审美心理的。虽然人类的心理行为错综复杂，但我们还是可以从年龄、性格、地区、用途等因素的相互影响中，找到规律性的东西，从而相对准确地捕捉到每一个社会阶层和单独个体的更加贴切的思维定式和审美取向。我们主要采用的分析方式有调研、分类、总和等。此时，设计师的主要着眼点应该放在分析消费者的心理满足、职业特点、年龄阶段等主观内在的精神因素上，其设计结果则主要是满足部分高端消费者装饰美感的个性化需求，同时体现出设计师个性化的审美情趣和理想风格的追求（图 2.5）。

图 2.5　服饰图案表现出了主观的
错视情趣

例如，从年龄心理分析的角度来说，为儿童设计服饰图案，就需要考虑儿童对周围事物的认知，以及以自我为中心、局部式感知的心理特点，且一般父母喜欢将孩子打扮成娇嫩可爱、天真稚气的样子，所以儿童服饰图案多以夸张拟人的卡通风格花卉和动物等形象为主，色彩的明度和纯度很高，效果鲜艳明快。近年来，也有一些父母喜欢过分地把孩子打扮得成人化，选择带有各种名牌标志、成人时髦形象图案的服饰给孩子穿，这其实反映出他们崇尚品牌、盲目追赶潮流的虚荣心理。甚至还有一些性别逆向化的审美情趣，都是当代人多元化需求的心理表现。设计师只有抓住这些问题点，才能避免儿童服饰图案设计流于程式化。

年轻人的心理特点是朝气蓬勃、充满幻想、思维活跃，乐于接受和探索新鲜的观念和事物。但是，年轻人不太健全且又特别强烈的自我意识，导致他们对当前流行的东西既容易良莠不分地盲目追逐推崇，又喜欢特立独行地故意追求与众不同的审美心理，甚至对一些极其冷僻的特殊图案形象偏执般地狂热追捧（图 2.6）。所以，为年轻人设计服饰图案，就要在图形素材、组织形式、装饰部位、风格手段上做到选择多样化且变化频率极快。这种既热衷于时尚共性又具有个性偏爱的矛盾心理，为年轻人服饰图案的设计增加了许多不确定性。而那些太过规律性的设计方案，在成长于盛行"穿越"幻象和"火星文"叙事的网络文化环境下的年轻人那里，往往会以失败告终。

中年人的心理状态在各个方面已经成熟并趋于稳定，他们虽然还保持着年轻人的敏感和热情，但在大部分情况下表现出的却是平实的持重感。所以他们喜欢的服饰图案风格，更追求精良品味的简洁高雅，虽注重时尚但不再张扬花哨，在使自己气质上能够保持年轻热情的同时，又透出自我内在的沉稳端庄。图案数量相对要偏少，并具有典雅考究的特点；在组织形态上以点状、线状应用较多，更加偏重用品牌标志和植物形象做图案，喜欢抽象性的造型风格；色彩不宜太复杂张扬（图 2.7）。

老年人的着装心理也具有两面性：一方面，丰富的人生经历使他们更加宽容豁达，所以在图案形象的选择上，多看中自然高贵、得体稳重的风格，整体色彩效果偏爱沉稳含蓄；另一方面，从激发活力和补偿心态来说，他们又有偏爱图形夸张多样、色彩鲜艳花哨的倾向，也就是大家俗称的"老来俏"。

即使同一消费者，在社会中的穿着风格也不是一成不变的，因为谁也离不开功能场合变化对其心理的多种影响。例如，严谨的工作装、温馨的家居装、隆重的婚礼服、浪漫的晚礼服、热情的运动装等，每个人都会运用不同的服饰图案，把自己打扮成精明干练、庄重高贵、典雅温馨或华丽妩媚等不同的感觉。

图 2.6 符合年轻人张扬个性
心理的服饰图案

图 2.7 简洁高雅品位精良的中年
人服饰图案

ILOVECHOC 品牌就曾经在某秋冬时装发布会，推出主题为"1 DOLLAR"，运用创意图形"钱币"与潮流服装相结合，一方面表达出新一代年轻人追求时尚的正能量，另一方面也借用美元图案来反讽当前社会的拜金与浮躁，这是一种典型的矛盾审美心理在一款服装上的表现状态。它的设计理念绝不是停留在审美心理表现的单一层面，而是结合了反标准化、商业化、享乐化等多维度的，天马行空般的新奇构想，凸显了其品牌反省潮流的一贯态度。

即使同一个设计师的作品，也会在坚持总体构思风格不变的前提下，因为不同的设计目的，表现出不同的风格变化。例如，设计师胡社光在表现主题"窑"时，虽然设计构思取材于中国传统制瓷工艺珍品的"钧窑"，有着大家熟悉的单纯而文静的美感，但是他这些钧窑瓷器的图案和窑变的陶粒，却是变化万千的，它为设计师带来了无穷的创意构思；在随后表现主题"逆·光旅"时，设计师就变身为科学家和魔术师，通过对线条、波点、十字花、几何图案等元素的创意性应用，是好像带领着观众能在未来时空中自由地穿梭，展开了一场精彩的太空之旅。

第二节 服饰图案的设计原则

一、从属性

原则是设计的灵魂，服饰图案设计原则的从属性是指：服饰图案的设计方案要为服装的总体设计目的服务。就是要根据已经确定的具体款式、面料、色彩、工艺、造价等条件，综合考虑以上诸多因素之间的合理关系，来确定服饰图案应用的最终方案（图 2.8）。璞琪的设计师彼得·邓达斯（Peter Dundas）曾经为了更为准确合理地诠释以越南风情为母体，去表现东方灵感的设计风格，把亚洲巨龙等图腾刺绣和印花图案，大胆地应用在军装款式的服装上。

图 2.8 运用抽象几何图案，是从属于都市风格服装的定位

二、统一性

服饰图案设计的统一性含义包含两个方面：一方面要求服装图案与饰品图案的一致，即服装上的图案与头巾、领带、鞋、帽、首饰、纽扣、腰带、手包等上面的图案统一，以便达到整体和谐、完整划一的效果（图2.9）；另一方面要求服饰图案与着装者和环境的统一，即服饰图案的内容、色彩、风格的设计，要根据具体消费者的体型（如胖瘦、高低、溜肩等）、性格（如急慢、冷热等）、场合（如婚丧、节庆、晚宴等）的需要来设定，以便达到既符合通常规律，又满足个人特殊需求的效果。

图2.9 用简洁的款式和服饰品，以及背景、材料、色彩设计的统一性，表现了年轻人追求个性的情趣

中国香港服装设计师郭子锋的"外太空漫游"秋冬系列，运用其擅长的3D印花技术，来讲述外星人在地球上的故事，他以科幻视角来重新定义了未来主义，即服装上运用更加庞大的廓形及更加前卫的印花图案，还有极度夸张的帽子配饰图案和光感十足的妆容，共同构造出了一场太空世界的视觉盛宴。

三、审美性

服饰图案设计的审美性是它存在的根本性原则。它表现在：

其一，服装在增加了图案装饰后，一定要比没有增加图案装饰前更美，否则毫无意义。服装设计师劳伦斯·许（Laurence Xu）的审美特点就是，将西方的精准剪裁与中国传统的图案元素和工艺相结合，呈现出一种装饰华贵、色彩鲜明的美感，高贵的暗紫色彩绣上了花朵后，很有中古世纪的审美韵味（图2.10）。

其二，在能够满足一般装饰美化效果的基础上，服饰图案还能够表现出着装者和设计师对时尚性、个性、风格、品味的美感追求和理念表达（图2.11）。早年，服装设计师凯蒂·伊雷（Katie Eary）曾经在秋冬男装系列设计里对朋克经典时代致敬，服饰图案从鲜红到暗红的数码印花、硕大的米奇头饰、胸前的米奇LOGO还有印花"半裙"，尽显了充满玩味又萌点十足的个性张力。

图2.10　华贵绚丽的美感

图2.11　亦真亦假的幻觉图案，诠释了设计师超现实主义美感理念的表达

四、特殊性

作为练习的服饰图案设计还是一个绘制的效果，与真正制作在服装上的成品图案有很大的不同，它们需要一个推敲的过程才能真正用于服装本身。它的特殊性在于：

其一，服装是一个特殊的千变万化的"立体器形"（款式），不同的"器形"需要不同的图案来装饰才能合适。所以，款式造型对图案造型的展现要求很重要，是它的基础（图 2.12）。

其二，通常服装绝大部分是由软质材料构成的，而我们设计的创意性服饰图案构思，运用的材质却是千变万化的，所以现实中必须把这些特殊材料进行"柔化"处理之后，才能应用于服装，否则，就会因"水土不服"而难以实现（图 2.13）。

图 2.12　款式的特殊性，赋予了图案端庄质朴的美感

图 2.13　柔化处理的皮革面料图案

其三，服装图案装饰的终极目的是美化人、表现人，而不仅仅是服装本身。所以它必须考虑人的气质和图案气质之间有没有差异性的存在，无论这个人指的是设计师还是消费者本身（图 2.14、图 2.15）。

图 2.14　飘逸轻盈的东方人，简约含蓄的东方图案

图 2.15　力度十足的西方人，复杂绚丽的西方之美

第三节　常用的几种服饰图案组织形式和风格分类

完整的服饰图案组织形式设计，既包括具体图案自身（局部）的组织形式选择，也包含了全部图案在服装上（整体）的组织状态构成。因为根据设计表现内涵的要求，运用单一的组织形式并不能达到目的，而是呈现出一种复杂的、多层次、综合性的组织构成关系，它绝不是几个单独纹样图案、连续纹样图案的简单相加。

一、服饰图案组织形式

下面介绍的几种常用的服饰图案组织形式，主要包括点状图案、线状图案、面状图案、综合图案、系列设计中的服饰图案等。这种分类法只能适用于在一般技术的层面上解决服饰图案的组织形式问题，同时以便区分它们各自有什么表现特点和优势。它并不涉及在更深层次如何根据设计目的和个性风格表现的特殊需要，应该使用何种图案组织形式来进行创造性的表达等问题。

1.点状图案

服饰图案中所说的点状图案，就是图案以局部小范围的状态，装饰在服装上的形式。一般多是把单独纹样中的自由纹样和适合纹样做综合使用，这种"局部"的点状图案组合，有大小、多少、匀齐、平衡形式之分。点状图案总体上具有集中醒目、简洁活泼的特征，容易使图案在服装上成为视觉中心。点状图案按照组织形式又可以再细分为重复式、单一式、多元式、变异式等，位置多选择在肩头、胸前、背后、肘部、腰部、臀部、膝盖，因选择装饰图案的位置、风格不同，效果也会有所不同（图 2.16 至图 2.18）。设计时，切忌各种点状图案之间的关系混乱，造成眼花缭乱及毫无章法的效果。

图 2.16　具有静态美感的重复式图案

图 2.17　单一式图案具有集中醒目、简洁活泼的特征，在服装上容易成为视觉中心

图 2.18　多元式图案效果丰富，设计时，切忌各种点状图案之间的关系混乱，造成眼花缭乱及毫无章法的效果

2.线状图案

服饰图案中所说的线状图案，是指装饰在服装款式边缘，或某一部位的图案，呈现出细长装饰状态的结果，一般多运用各种不同骨格的二方连续图案组成。这种"线状"图案有单线、多线、曲直线、规律线、任意线形式之分，它们具有在视觉上的连贯、引导、分割、界定等作用，能够产生富于律动感、方向感、交错感的丰富效果（图2.19），尤其是在勾勒服装轮廓和打破原来服装的平淡效果时，显得更加有力度。以线状图案在结构线、边缘线部位装饰服装，位置在领口、袖口、前襟、下摆、裙边、裤缝应用得最多，通常会增加服装典雅、精致、秀气的感觉；运用线状图案重新分割服装的效果，则会因其多变的组合而产生截然不同的新意，位置大都选择在服装的中间部位（图2.20）。切忌运用多条二方连续图案组织构图时，图案的风格各异、方向混乱和分割破碎。

图2.19 运用纵向感和横向感，强调了节奏美感的线状图案　　图2.20 强调了分割效果的线状图案

3.面状图案

服饰图案中所说的面状图案，就是指服饰图案大量或整个铺满服装的效果。设计师一般多使用大量密集的单独纹样、大面积的四方连续纹样或者多重的二方连续纹样排列组合而成，整体效果上具有极其强烈的饱满感和视觉张力。当然，这种丰满充实的效果，也会

因为图案的密度、风格、色彩的不同选择，而呈现出很大的区别，尤其重要的是，图案一旦充满了服装，"面"就会产生"体"的效果，其视觉冲击力和分量感可想而知。设计时，切忌图案风格过分单一或过多，那样都会显得服装非常乏味或花哨（图 2.21）。

4.综合图案

服饰图案中所说的综合图案，就是指把点状、线状、面状图案，相互有机地结合起来运用在服装上的设计办法。比如说"点加线状""点加面状""线加面状"等多种变化组合形式。它的整体装饰效果最为丰富多彩、变化多端，设计时要注意各类图案之间，一定要主次关系分明、层次叠加合理，切忌众多图案在一起各自为政、相互矛盾、彼此抵消（图 2.22）。

图 2.21　面状图案具有极其强烈的饱满感，会产生"体"的效果　　　　图 2.22　综合图案整体装饰的效果非常丰富多变

二、系列设计中服饰图案的组织形式

系列设计是服装设计中的重要组成部分，而在服装系列设计中运用图案语言，有它自身不同于单款服饰图案特殊的设计规律。其基本的原则就是，在能够保持每个单款服饰图

图 2.23　款式不同，图案、色彩相同的服饰图案

案独自成立的情况下，要综合调动图案、款式、色彩等元素，让多款服饰图案语言的装饰美感，在表现同一主题的基础上，彼此之间能够既有联系又有变化。具体方法如下：

（1）设计时保持款式不同，图案、色彩相同的方法（图 2.23）。

（2）设计时保持款式、图案相同，色彩不同的方法（图 2.24）。

（3）设计时保持款式、图案相同，色彩相同或不同的方法（图 2.25）。

（4）设计时保持款式相同，图案位置不同，色彩相同或不同的方法（图 2.26）。

（5）设计时保持图案相同，款式、图案位置、图案组织、色彩都不同的方法（图 2.27）。

图 2.24　款式、图案相同，色彩不同的服饰图案

图 2.25　款式、图案相同，色彩相同或不同的服饰图案

图 2.26　款式相同，图案位置不同，色彩相同或不同的服饰图案

图 2.27　图案相同，款式、图案位置、色彩不同的服饰图案

三、服饰图案的风格分类

无论在服装上使用的是哪种内容或组织形式的图案，通常都可以在装饰美感总体状态上，分别从技术角度和风格角度划分为各自的几种类型。

1.从技术角度划分

（1）统一型服饰图案。就是服装、饰品上装饰的所有图案都是一样的，这样会得到单纯一致的传统美感（图 2.28）。

（2）对比型服饰图案。就是装饰在服装和饰品上装饰的图案，存在两种以上对比鲜明的风格变化，这样会得到反差强烈的现代动态美感（图 2.29）。

（3）混合型服饰图案。就是在服装、饰品上装饰的所有图案风格都不一样，它体现出的是随性而怪诞的后现代美感（图 2.30）。

（4）特质型服饰图案。就是服装、饰品上所有装饰的图案风格，都来源于设计师要表达的特殊个性和目的，这种个性化突出的特定美感，往往能够满足特殊人群的审美需求（图 2.31）。

图 2.28 统一型服饰图案传达出单纯一致的
传统静态美感

图 2.29 对比型服饰图案传达出鲜明对立的现
代动态美感

图 2.30 混合型服饰图案传达出了特立独行
的后现代美感

图 2.31 特质型服饰图案，传达出了设计师个性
鲜明的特殊美感嗜好

2.从风格角度划分

（1）复古风格服饰图案。就是设计师把历史上可称为经典的传统图案经过适度的变化之后，重新赋予新意地装饰在服装上。它的整体效果往往体现出经典端庄的新颖气质，是设计师最喜欢的基本设计方法，它能让经久不衰的传统，焕发出新生美感的勃勃生机。使用这种方法时，最忌讳在经过重新设计后，整体效果几乎原封不动，以免显得陈旧老套、新意不足（图2.32）。

（2）前卫风格服饰图案。就是把世界上任何形象都作为图案来放在服装上用，或者是把历史上经典的、民间的图案，经过不按常规的变化之后，颠覆性地装饰在服装上，从而创造出前所未有的新奇样式。它的装饰效果新颖刺激，充满了创新的奇特趣味，是时下非常流行的创造理念，运用此方法时也切忌毫无忌讳，以致传递出疯狂偏执或者消极颓废的不良效果（图2.33）。

图2.32　复古风格服饰图案效果端庄大方，能够体现出经久不衰的新鲜美感

图2.33　前卫风格服饰图案是时下设计界流行的创造理念，不是为新而新的伪艺术

（3）都市风格服饰图案。就是直接把现代城市里的各种常见形象，或者任何的图案形象，经过概括、抽象的变化之后，装饰在服装上的一种设计风格。这种精练利落、潇洒干练的效果，是广大都市白领所钟爱的，设计时切忌组合的图案风格过多，以免显得烦琐拖沓（图2.34）。

（4）田园风格服饰图案。就是把田野、植物、花鸟等代表大自然经典形象的图案符号，经过看似随意的组合之后，装饰在服装上的一种设计风格。其整体效果清新优雅、温馨质朴，是休闲一族非常钟情的美感格调，设计时切忌偏向于浓重华丽，避免显得庸俗肤浅（图 2.35）。

图 2.34　都市风格服饰图案的效果以精练利落的几何抽象风格为主

图 2.35　田园风格服饰图案的效果清新优雅，是时下上班族和休闲族回归自然的共同美感追求

（5）运动风格服饰图案。就是把经过抽象或者几何化合理变化之后的图案和标志，装饰在服装上。它的效果简洁大方、动感十足，几乎适合现代社会各种人群的美感口味，设计时切忌图案组织过于复杂，以免显得繁复累赘，损失了动感活泼的特色（图 2.36）。

（6）中性风格服饰图案。就是运用图案装饰规律，把表现男性阳刚和女性温柔的传统美感装饰原则，故意颠倒或者模糊化之后，装饰在服装上。这种设计效果往往新奇大胆，是包容社会中风格多元化的典型现象，但是使用时这种颠覆传统的设计分寸要把握好，以免让人产生怪异变态的误解（图 2.37）。

（7）民族风格服饰图案。就是把古今中外经典的民族、民间、土著等图案，经过适度的变化处理之后，装饰在服装上。这种风格具有神秘质朴的文化气息，是当代社会非常提

图 2.36 运动风格服饰图案的效果简洁大方，穿着随意，适合各种人群的美感口味　　图 2.37 中性风格服饰图案的效果新奇大胆，特立独行

倡的设计方法，使用时设计师一般切忌毫无主见地拆分和搭配不同民族之间的图案，以免造成不同传统文化符号之间的文脉关系混乱，显得毫无文化意义指向（图 2.38）。

（8）电脑风格服饰图案。就是运用电脑图形图像辅助设计软件技术，变化处理了图案之后，呈现出的科技性极强的装饰图案效果，把它运用在服装设计上，视觉效果非常绝妙新颖，那种非人力可及的未来感和精细度，非常适合年轻人群的审美趋向。使用此方法时切忌因为设计师电脑图形图像辅助设计软件技术不够精通，造成制作效果粗糙，显得技术精度感不足而适得其反（图 2.39）。

（9）礼服风格服饰图案。就是把经典的图案经过适度的变化之后，运用在礼服服装上。它的装饰效果以富贵华丽、端庄优雅大方为主，是上流社会公认的美感定位，但是设计礼服图案切忌把富贵气装饰得过于浮夸艳俗，显得格调不够高端，虽然它的创造没有财力的边界，但是却有欣赏品位的高低差别（图 2.40）。

（10）童装风格服饰图案。就是把图案经过适度的孩童趣味变化之后，让它们具备了天真可爱的特性，再装饰在服装上，产生出活泼稚嫩的效果，这是幼儿和少年的美感天性，也是成年人无忧无虑的心态向往。但是成年人使用时切忌图案风格过于幼稚化的倾向，以免显得不伦不类（图 2.41）。

图 2.38　民族风格服饰图案的效果神秘质朴，是当代设计师们特别喜爱的设计方法

图 2.39　随着科技的发展，电脑风格服饰图案几乎可以达到人类所有想象力的极致

图 2.40　礼服风格服饰图案是上流社会的美感定位，也是当代平民百姓的梦幻追求

图 2.41　童装风格服饰图案是人类对幼年时期美感追求的天性呈现

（11）主题风格服饰图案。就是根据品牌定位、大赛题目或者个人爱好，动用一切图案表现资源来诠释既定的某个主题风格。例如，以青少年热衷的流行文化为主题风格表达，就可以从"趣味骷髅""垃圾食品""数码涂鸦""恐怖卡通""魔兽世界"等角度加以组合表现。运用这种方法时要把握好共识性和特殊性的对比关系，避免陷入死板俗套或文不对题的境地（图 2.42）。

图 2.42 设计师为表现不同的主题风格，运用服饰图案的组织方法和表现手法差别会很大

【思考与实践】

（1）思考服饰图案组织形式的创新。

（2）思考款式与图案组织的关系。

（3）根据构思画出点状图案、线状图案、面状图案、综合图案的草图。

（4）试着进行传统纹样服饰图案临摹。

（5）在线学习：设计癖 https://www.shejipi.com/。

第三章
服饰图案的色彩设计

CHAPTER THREE

第三章
服饰图案的色彩设计

【 本章引言 】

　　一件好的服装艺术设计作品，设计师通常将所有的设计语言都调理到最合理的关系状态。服装配色就是其中非常重要的一环，尤其是现在讲求加入服饰图案的复杂配色，就更需要我们对这方面的理论知识和实践技能展开细致的研究。

第一节　服饰图案色彩构思的创造方法

色彩设计是服饰图案效果表现的重要组成部分，在总体效果上强调简练明确、主观表现这些特点。色彩的设计和表现合理与否，决定了服饰图案语言最直接外化的视觉效果，以及是否具备强大的吸引力。尤其是对具有购买欲望的普通消费者来说，色彩设计起着决定性的作用，因为他们是最容易被色彩效果打动的。

服饰图案的色彩设计对于整体服装设计理念来说是从属性的，并且侧重于装饰美感。它必须受到既定服装设计理念的限定，也就是说，它是附和设计意向框架而合理展开的。而且，它也必须从设计师无限多变而独特的色彩感觉中，走向具体而有限的实际应用范畴。通常来说，服饰图案色彩构思的创造方法有复原概括、置换变异、需求创造等。

一、复原概括

复原概括就是在服饰图案的色彩设计构思中，将现实形象原来的色彩关系做一定的概括处理后，直接进行运用。具体做法就是，保留主要的色相，减去次要的色相，省略色彩的数目，更不要改变形象主要的色彩面积比例关系（图3.1）。例如，想要在服装上表现郁金香花图案主题，就用若干红色系列代表花朵，用若干绿色系列代表叶子，形成以补色色相关系为主色的画面，再加少量蓝绿等若干色相系为次要色组，表现出整体服装的色彩效果；又如，想要表现中国江南风景图案主题，就用黑、白、灰色系为主色，黄、绿等色系为次要色，来表现整体服装的色彩效果。这种方法尽量保持形象原来色彩主体的真实面貌，观者对其非常熟悉而极易产生共识。它也是服饰图案色彩设计最基础、最常用的一种方式，虽然看似简单，但只要符合设计理念，便绝无过时之说。

二、置换变异

置换变异这种服饰图案色彩构思的创造方法，源于对某种现成色彩关系的变更（主观的变化）使用。具体做法就是，对原有形象色彩配置的面积、位置、色调等关系进行有目的的改变和重组。这种方法往往会导致服饰图案模糊甚至消除原有形象的色彩感觉，目的是使服饰图案的色彩更加自由、宽泛，主观地表达服饰色彩的设计意图，其本质是一种抽象性的任意组合。但它并不是彻底地抛开了原型，而是将其组成与原型若即若离的结果，使服饰图案色彩富有暗示性和多意性，从而令观者产生丰富的联想，得到一种存在于似与不似之间的美妙感觉（图3.2）。

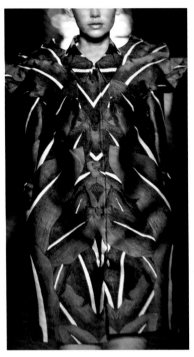

图 3.1　用绿色系列表现大自然的意境

图 3.2　采用置换变异来表达服饰
色彩的设计意图

三、需求创造

需求创造就是在服饰图案的色彩设计构思中，完全根据现实的各种实际要求或创作理念的需要来确定。例如，服饰图案色彩的设计会根据市场的流行色、服装类别、造价成本、品牌形象等因素，来决定色彩的设计方案；或者，为了宣传和突出设计师的个性风格、创作理念等因素，而确定服饰图案色彩设计的最终取舍。这种方法的特点是，色彩设计的出发点是对业已存在的色彩视觉关系和经验再次进行"塑造需求"式的利用性加工，它是将创作源头直指消费者和设计师心灵"买点"的设计方法。又如，今年用蓝紫色系去表现冷峻感、明年用蓝紫色系去表现浮华感、后年用蓝紫色系去表现稳重感等，就是设计师抓住了人类色彩美感的共同规律和流行色的趋势，去创作出一个又一个"新需求"的例证（图 3.3）。

图 3.3　按照"需求"创造出来的服饰色彩设计

第二节　服饰图案色彩设计的常用技巧

一、以色相为基础的服饰图案色彩设计

1.同类色相配置

从理论上说，同类色相配置就是在 24 色相环上取相隔 0°～15° 的两个色相，进行组合使用，或者把同为某一色相的各种颜色组合在一起进行色彩配置，特点是色彩效果比较单一强烈。例如，把大红、桃红、深红、紫红、玫瑰红、土红等组织在同一款服饰图案色彩的表现中，色相之间只有很小变化，强调了红色系欢快热烈、浓重端庄的特点（图 3.4），我们称其为红色系的同类色相配置。其他的同类色相配置如蓝色同类色相配置、紫色同类色相配置、绿色同类色相配置等，效果同样如此，只是各自的色彩表情语言意义不同罢了。

2.对比色相配置

从理论上说，对比色相配置就是在色相环上取相隔90°～120°的两个色相进行组合使用。例如，把以某种红色为主调配出的一组色彩（红色系）和以某种蓝色为主调配出的一组色彩（蓝色系），组织在同一款服饰图案中的色彩配置（图3.5），就是对比色相配置。它的特点是色彩关系对比性比较强，适合表达热情奔放、动感强烈的色彩情调。其他的对比色相配置如绿色系配置紫色系、黄色系配置蓝色系等，效果同样如此。

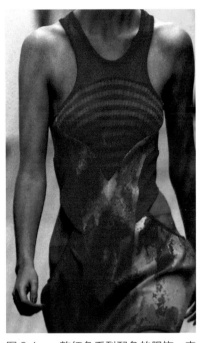

图3.4 一款红色系列配色的服饰，表现出女性欢快热烈、浓重端庄之美

图3.5 一款红色系与蓝色系配色的服饰，表现出女性明朗、热情之美

3.补色色相配置

从理论上说，补色色相配置就是在色相环上取相隔180°的两个色相，进行组合对比使用。例如，把以某种红色为主调配出的一组色彩和以某种绿色为主调配出的一组色彩，组织在同一款服饰图案中的色彩配置（图3.6），就是补色色相配置。它的特点是对比性强，适合表达极端强烈、反差巨大的色彩对比效果。其他的补色色相配置如黄色系配置紫色系、橙色系配置蓝色系等，也能达到同样的效果。

4.色相过渡配置

从理论上说，色相过渡配置就是在进行服饰图案色彩设计时，把某一色相（如白色）逐渐加入另一色相（如绿色）所得到的一组（由白色逐渐变成绿色）色相过渡配置（图 3.7）。通常来说，由甲色逐渐过渡到乙色，一般以 9 个色阶为标准，能够表现出色相过渡的效果，设定的色阶数目越多，变化效果就越细腻柔和；设定的色阶数目越少，变化效果就越强烈粗犷。这种方法非常适合在服饰图案色彩设计中，表现变化丰富的细腻美感或过渡自然的韵律美感。

图 3.6　一款红色系与绿色系配色的服饰，表现出大自然的神秘之美

图 3.7　色相过渡配置的效果一般很温和，也可以表现得很强烈

二、以明度为基础的服饰图案色彩设计

以明度为基础的服饰图案色彩设计，就是以某色为主色（如橙色），分别逐渐加入白色或黑色，调配出的一系列从淡（橙）色到深（橙）色的系列色彩配置。如图 3.8 所示，这款服装色彩明度变化的效果运用了晕染技法，所以色阶之间过渡浑然一体，没有明显的界线。色彩明度变化一般也以 9 个色阶为标准，色阶越多，变化就越细腻。更重要的是，如果把这些色彩按照规律进行深浅不同的组合，就能得到高短调、中短调、低短调等不同的明度

图 3.8 中长调的明度色彩配置，一般适合表现高雅、梦幻的感觉

调式配置。一般来说，高短调适合表现清新、柔和、高雅的感觉；中短调适合表现稳重、得体、安宁的感觉；低短调适合表现沉着、内在、封闭的感觉等。以上各种感觉和色相选择无关，所以这是服饰图案色彩设计中最基础、最简单、最实用的配置技巧。

三、以纯度为基础的服饰图案色彩设计

以纯度为基础的服饰图案色彩设计，就是以某一色或多色的纯度变化为主，组合出不同的色彩纯度的组合对比（图 3.9）。例如，以高纯度色组合配置而形成的服饰图案色彩，适合表现艳丽、单纯的感觉；以低纯度色组合配置而形成的服饰图案色彩，适合表现沉重、压抑的感觉；以每一个色彩纯度都不相同的鲜灰度色彩配置而形成的服饰图案色彩，适合表现层次丰富、空间迷幻的感觉。

色彩纯度调式通常有高纯对比、中纯对比、低纯对比、鲜浊对比几种，它们与高纯度、中纯度、低纯度、鲜灰度的色彩纯度描述含义基本相同。

图 3.9 运用不同纯度的色彩配置，可以得到无限的色彩变化效果

四、以黑、白、灰为基础的服饰图案色彩设计

服饰图案色彩中的黑、白、灰属于无色系列，虽然在表面上不如有色系列那样华丽和夺目，但它们那种单纯而内在的色彩魅力，同样在服装图案色彩配置中发挥着不可替代的作用（图 3.10）

图 3.10　以黑、白、灰为基础的服装图案色彩设计

【思考与实践】

（1）思考服饰色彩的抽象性表达创新。

（2）思考图案色彩的调和运用。

（3）运用明度、纯度、色相的属性对比设计服饰色彩。

（4）运用复原概括、置换变异、需求创造的方法设计服饰色彩。

（5）在线学习时装服饰搭配的技巧、衣服的穿配法专业指导：太平洋时尚网时装频道 http：//dress.pclady.com.cn/。

第四章
服饰图案的训练步骤

【本章引言】

在服饰图案构思的各方面基本酝酿成熟之后，我们就可以起稿创作了。通过多年的教学实践，我们认为把设计训练分成两步进行最为合理。第一步是服饰图案（无色部分）设计训练，因为训练中的图案细节很多，只有把它们详细地描绘在画面上（如图案的比例、疏密、风格等细节），才能准确地反映出自己的设计预想，而且能为第二步增加色彩元素的表现打下良好的基础，因为简单勾勒出图案草稿的效果图对设计师来说作用不大。第二步是服饰图案（色彩部分）设计训练。

第一节　服饰图案（无色部分）设计训练

一、以装饰美化为目标的设计训练

该训练是服饰图案设计训练的初级阶段，目的是在技术层面上，一方面，要解决好在服装上合理地安排好点状、线状、面状等图案组织类型的组合；另一方面，通过对比例疏密、对比统一等形式美规律的梳理，起到只运用黑白图案语言便能达到装饰、美化服装的初级作用。

其具体做法是，先随意选择一款现成或自创的服饰，再选择常用在服装上的花卉类、植物类、风景类的图案，对图案进行装饰组织设计。一般情况下，装饰了图案的服饰，不如进行过图案装饰的服装好看，其美感效果往往与具体的图案类型和绘制风格统一（图 4.1）。

图 4.1　民族风——以装饰美化为训练目标的服饰
图案作业 | 学生作品，指导教师：董庆文

二、以表现时尚理念和个性感觉为目标的设计训练

该训练是服饰图案设计训练的中级阶段，目的是在表现流行时尚理念和以个性感觉为目标的层面上，在服装上安排好点状、线状、面状等图案具有个性化、特殊化的组合，包括图案绘制风格的独特选择，从而达到充分地表现出设计师在服装设计中对共性和个性审美观念独特的视角。

其具体的做法是，先选择一款现成或自创的与装饰美感意图比较接近的服装，再把在体现流行时尚理念和个性感觉方面最有表现力的图案形象，进行恰当的特殊组合安排。因为只有在这种状态下完成的图案装饰效果，才能使服装在具备较好装饰美感的基础上，体现出人类高级的、内在的审美内涵（图4.2）。

通过以上阶段的反复训练，设计师可以根据任何一种创作的需要，锻炼自主创造服饰图案的表现能力。

图 4.2　国粹——以表现时尚理念和个性感觉为训练目标的服饰图案作业 | 学生作品，指导教师：董庆文

第二节　服饰图案（色彩部分）设计训练

　　在完成服饰图案（无色部分）设计稿之后，我们根据设计理念的表现需要，将色彩的表现因素进行综合考虑，形成一个比较清晰的计划，加入服饰图案的完整表现当中，这是服饰图案设计的高级阶段。首先，要明确色彩主客观情调的定位，它涉及色相、明度、纯度、冷暖等内容的确定；其次，安排好诸多色彩表现元素之间的关系（如技法、风格等），至此才算完成一个彩色服饰图案训练所有内容的设计。当然，最终效果可能很好，也可能不佳。最终效果不佳的主要原因应该是，从黑白稿到色彩稿之间的转换过程中，处理不恰当。所以，任何设计训练都是围绕整体的设计理念，运用灵感、技法、流行等因素，反复推敲并逐步提高，综合表现出服饰图案设计最终效果的过程（图 4.3）。

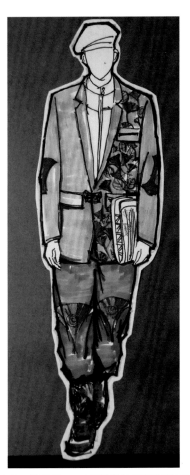

图 4.3　欧美风——男装单款服饰图案色彩
训练作业｜学生作品，指导教师：董庆文

在服饰图案设计中，除了要处理好每一款独立的服饰色彩关系之外，还要把握住多款服装之间整体色彩的统一性，再就是主体色彩和点缀色彩之间的变化分寸，这样才能达到既统一又多样的丰富效果（图4.4、图4.5）。

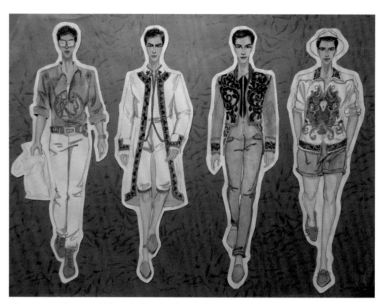

图 4.4　男装系列服饰图案色彩设计训练作业 | 学生作品，指导教师：董庆文

图 4.5　女装系列服饰图案色彩设计训练作业 | 学生作品，指导教师：董庆文

【思考与实践】

（1）思考服饰图案的构思源泉。

（2）思考服饰图案的民族性和时尚性的合理结合。

（3）分别以装饰美化和表现时尚理念、个性感觉为目标设计服饰图案。

（4）根据设计主题的需要设计整体服饰图案方案。

（5）在线学习时装服饰搭配的技巧、衣服的穿配法专业指导：太平洋时尚网时装频道 http：//dress.pclady.com.cn/；优设网设计师频道 https：//designer.uisdc.com/。

CHAPTER ⓕIVE

第五章
服饰图案效果图的表现技法

第五章

服饰图案效果图的表现技法

【本章引言】

　　以表现服饰图案设计观念为主要目的的效果图，与通常的服装效果图在表现步骤、技巧上没有本质区别，只有表现侧重点上的差异。因此，为了更加充分地展示图案元素部分的意图和细节，服饰图案效果图在人物的构图姿态、角度部位、描绘重点等要素的安排上，确实要略有不同。其特点和原则就是要有利于图案细节元素的充分表达，通常会减弱画面中人物形象立体感的表现。服饰图案效果图常用的表现技法有水彩画技法，马克笔技法，水粉画技法，炭笔、色粉笔技法，电脑技法，综合技法等。

第一节　水彩画技法

水彩画技法的优点是方便快捷，色彩层次丰富、透明艳丽。采用该技法时，可以先用铅笔、钢笔或炭笔起稿，然后上色（图5.1）。它要求设计师对水彩画技巧有一定的把控能力，否则水粉的渗染特色不容易控制和发挥出来。该技法的缺点是所画图案的"形"和"色"要确定，因为其效果几乎是一次成型的，不能过多地修改和覆盖，技巧性很高，而且具有偶然性。

图5.1　水彩画技法效果图｜学生作品，指导教师：董庆文

第二节　马克笔技法

　　在所有服饰图案效果图表现技法中，马克笔技法是最简便快速的。采用该技法时，可以先用铅笔或水性笔起稿，许多熟练者更喜欢直接用马克笔较细的一端直接完成画面造型，然后用马克笔较粗的一端涂色（图5.2）。该技法的优点是画面潇洒帅气、挺拔硬朗，缺点是细节表达有一定的局限性，不适合细腻的图案形象表现，"笔感"僵硬，色彩柔和感差，不具有调和性。

图 5.2　马克笔技法效果图 | 学生作品，指导教师：董庆文

第三节 水粉画技法

　　水粉画技法的特点是技法众多，画法可薄、可厚、可干、可湿，画风由粗犷简约到细腻精致，从写实装饰到抽象表现均可随意控制，效果多变（图5.3）。该技法的优点是色彩层次极其丰富，色调细腻，对于各种不同肌理效果的制作性极强，特别适合以服饰图案为主体的效果图表现需求。该技法的缺点是如果描绘时间过长、反复修改的话，画面会出现"脏"和"粉"的后果。

图5.3　水粉画技法效果图 | 学生作品，指导教师：董庆文

第四节　炭笔、色粉笔技法

　　炭笔、色粉笔技法的优点是能够充分发挥起稿阶段运用炭笔正、侧笔锋角度变化所带来的丰富的线条质感，再加上色粉笔后期上色阶段独具特色的揉色、叠色技巧，非常适合表现皮毛、丝绸等服装材料特殊的质感（图5.4）。该技法的缺点是在绘制的过程中和画完后，要适时喷洒定画液，否则就会因色粉固定性较差而出现画面效果容易"脏"且不利于保存的后果。

图5.4　炭笔加色粉笔技法效果图

第五节　电脑技法

　　电脑技法是未来服装设计的主要趋势，因为它在图案形象的描绘、修改、储存、变化上都十分轻松方便，尤其是在各种面料材质的素材选择上极其丰富，画面逼真程度更是手绘所无法比拟的（图 5.5）。但是，该技法要求设计师具备良好的计算机软件操作能力和深厚的手绘功底，否则图案形象的画面效果会显得呆板木讷、千人一面。

图 5.5　电脑技法效果图

第六节　综合技法

综合技法是指采用上述服饰图案效果图表现技法中的一种，先画出一个基础稿，再根据表现主题的需要，既可以运用覆盖性强的油画棒、蜡笔、丙烯颜料、水粉颜料等，也可以运用贴、印、刻、烧等技巧，再次加以充分表现的技法（图 5.6）。采用该技法时，要特别注意多种表现技法之间的主次关系处理，不可以过多地叠加技法以免画蛇添足，造成画面效果的混乱和累赘。

图 5.6　综合技法效果图 | 学生作品，指导教师：董庆文

【思考与实践】

（1）思考服饰效果图技法风格的独创性。

（2）分别掌握各种效果图技法。

（3）在线学习时装服饰搭配的技巧、衣服的穿配法专业指导：太平洋时尚网时装频道 http：//dress.pclady.com.cn/；中国服装设计网——POP 服装潮流资讯设计平台 https：//www. pop-fashion.com/。

CHAPTER SIX

第六章
服饰图案作品欣赏

【本章引言】

在艺术类院校的课程设置中，好的训练方法和结果呈现，对于学生和老师来说，都是非常令人愉快的事情。本章展示的是鲁迅美术学院染织服装艺术设计学院服饰图案课程中，经过多年积累的具有代表性的学生作品和部分品牌经典的服饰图案成衣，以供相关专业师生和广大业界同仁品鉴。

第一节　学生作品部分

一、单款设计

在以图案为主要设计语言元素的服装设计的概念中，单体设计是指设计师根据自己对某类图案艺术的美感理解，拟定一个虚拟的主题，重点运用图案装饰方法进行一款服装设计的训练。它要求设计师运用图案元素（大小比例、疏密布置、形象变化、组织形式等）的变化，在服装正面、侧面、背面之间，创造出既保持面貌统一又各具一定变化的图案装饰效果。

图 6.1 至图 6.4 所示作品均为鲁迅美术学院染织服装艺术设计学院学生的"单款服饰图案"训练作业。

二、系列设计

在以图案为主要设计语言元素的服装设计的概念中，系列设计是指设计师根据自己对某类图案艺术的美感理解，拟定一个虚拟的主题，重点运用图案装饰方法，进行系列服装设计的训练。它要求设计师运用款式、色彩元素的变化，特别是图案元素的变化，在多款服装之间，创造出既保持面貌统一又各具一定特色的图案装饰效果。

图 6.5 至图 6.8 所示作品均为鲁迅美术学院染织服装艺术设计学院学生的"系列服饰图案"训练作业。

图 6.1　浪漫童真 | 学生作业

图 6.2　蓝印变奏曲│学生作业

图6.3 魅力剪纸 | 学生作业

图 6.4　美人鱼 | 学生作业

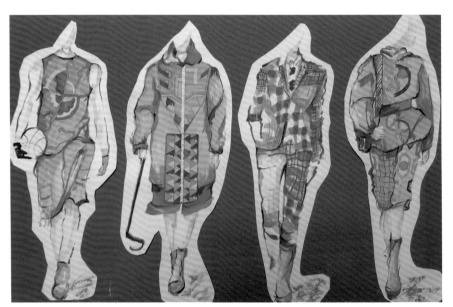

图 6.5　自由少年 | 学生作业

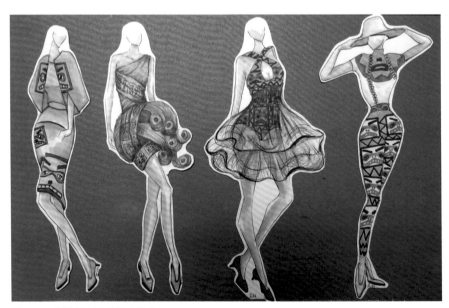

图 6.6　交错的时尚 | 学生作业

图 6.7 神秘西域 | 学生作业

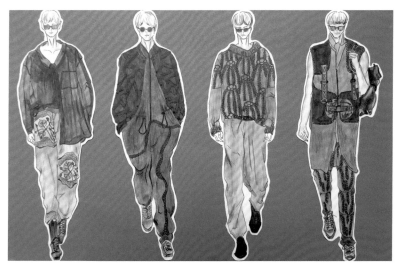

图 6.8 现代绅士 | 学生作业

第二节　品牌作品部分

图 6.9 至图 6.15 所示为一些服装品牌的服饰图案设计作品，供大家学习参考。

图 6.9　复古风格服饰 |*COLLEZIONI*，2017

图6.10 都市风格服饰 |*COLLEZIONI*，2017

图 6.11　民族风格服饰 |*COLLEZIONI*，2017

图 6.12　前卫风格服饰 |*COLLEZIONI*，2017

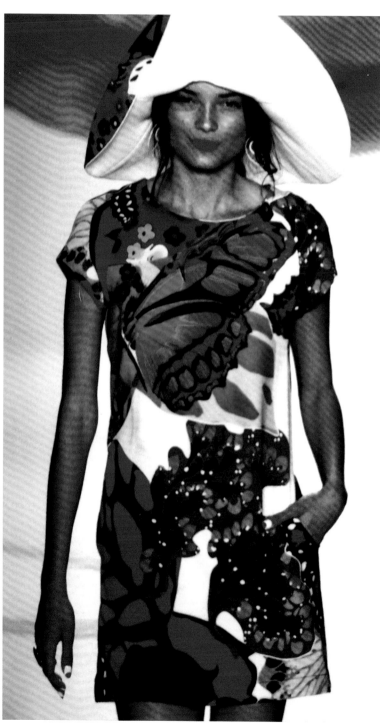

图 6.13　田园风格服饰 |*COLLEZIONI*，2017

图 6.14　希腊风格服饰 ｜*COLLEZIONI*，2017

图 6.15　西部风格服饰品 |*COLLEZIONI*，2017

【思考与实践】

（1）思考设计主题与服饰图案表现的关系。

（2）选择各届服装大赛的主题进行模拟训练。

（3）在线学习时装服饰搭配的技巧、衣服的穿配法专业指导：太平洋时尚网时装频道 http：//dress.pclady.com.cn/；中国服装设计网——POP 服装潮流资讯设计平台 https：//www. pop-fashion.com/。

参考文献

阿·托·威尔科克斯，1992.西方服饰大全［M］.邹二华，刘元，等译.桂林：漓江出版社.

李明，胡讯，1996.现代服装设计表现图技法［M］.长沙：湖南美术出版社.

刘蓬，尹青骊，2010.形象设计表现技法［M］.北京：中国轻工业出版社.

马高骧，王兴竹，1998.现代图案教学［M］.长沙：湖南美术出版社.

满懿，2011."旗"装"奕"服：满族服饰艺术［M］.北京：人民美术出版社.

陶如让，刘丽，1990.中国民族图案艺术［M］.长春：吉林科学技术出版社.

王鸣，2005.服装图案设计［M］.沈阳：辽宁科学技术出版社.

王耀，朱红，1991.今日国际时装插图艺术［M］.南京：江苏美术出版社.

徐雯，2013.服饰图案［M］.2版.北京：中国纺织出版社.

杨树彬，晓琳，1996.服饰图案与设计［M］.哈尔滨：黑龙江教育出版社.

后　记

　　本书是编者多年来的实际教学经验，以及指导学生进行课程作业训练的成果总结。但是，课堂作业训练不能等同于服饰图案的产品设计实践，学生在完成具体生产设计要求时，应该学会在全面处理诸如材料、造价、工艺等综合因素之后拿出设计方案，这样才能算是真正地解决了服饰图案的应用问题。

　　其实，作为一名服装设计师，应将主要的精力放在研究东西方装饰图案艺术的发生、发展，以及把握审美未来发展趋势的敏感性信息上。因为服装设计师的能力不是体现在将一幅图案画得多么完美上，而是体现在对图案艺术有见多识广的了解、能够找到最适合自己创作理念的现成图案选择范围，以及合理运用的眼界水平上；同时，要学会如何前瞻性地对图案设计师提出符合自己特殊设计理念和个性的"专用图案"的要求，从而达到预想效果，形成自己作品的原创性。因此，服装设计师应着重培养自己提高选择、确定适用图案的能力，这显得尤为重要。

　　总之，仅从对服饰图案设计角度上来说，如果你既没有对图案艺术的广泛修养，又不会对现代装饰图案艺术的观念进行应用，就不可能成为一名综合能力较强、高端的当代服装设计师。